Veel pop

ro
ro
ro

Die Vermittlung der Kunst, bei Managern und Mitarbeitern Selbständigkeit und Eigenverantwortung zu entwickeln, hat den Minuten-Manager zu einem Welterfolg gemacht. Hier ist der neue Minuten-Manager, die überarbeitete Neuausgabe für den Manager von heute. Kenneth Blanchard und Spencer Johnson, jeder für sich eine Legende der Unternehmensberatung, haben die bewährten Rezepte, wie man sich sinnvoll Ziele setzt und die Arbeit der Mitarbeiter erfolgreich begleitet, um neue und zusätzliche Erfahrungen und Geheimrezepte modernen Managements bereichert und in ein zeitgemäßes Gewand gekleidet.

Ausführliche Angaben zu den Autoren finden sich am Ende dieses Bandes.

KENNETH BLANCHARD
SPENCER JOHNSON

Der *neue* Minuten Manager

*Vollständig überarbeitete
Ausgabe für die Manager von heute*

Aus dem Englischen von Hermann Gieselbusch,
Gitta Joost und Hubert Mania

Rowohlt Taschenbuch Verlag

Die amerikanische Originalausgabe erschien 2015
bei William Morrow, New York, einem
Imprint von HarperCollins Publishers LLC,
unter dem Titel «The New One Minute Manager».

Veröffentlicht im Rowohlt Taschenbuch Verlag,
Reinbek bei Hamburg, März 2016
Copyright © 2016 by Rowohlt Verlag GmbH,
Reinbek bei Hamburg
«The New One Minute Manager» Copyright © 2015 by
Blanchard Family Partnership and Candle Communications, Inc.
Das Symbol der Minuten-Bücher :01®
ist ein eingetragenes Warenzeichen
Einbandgestaltung ZERO Werbeagentur, München
Satz aus der Mercury Text G2, InDesign
Gesamtherstellung CPI books GmbH, Leck, Germany
ISBN 978 3 499 63193 1

Das für dieses Buch verwendete Papier ist FSC®-zertifiziert.

:01 Das Symbol

Das Symbol des Minuten-Managers
soll jeden von uns daran erinnern,
täglich eine Minute lang
den Menschen ins Gesicht zu schauen,
mit denen wir zusammenarbeiten.
Um zu erkennen:
Sie sind das wertvollste Kapital,
das wir haben!

Inhalt

9   Eine Vorbemerkung der Autoren

11 Die Geschichte des neuen Minuten-Managers

13 Die Suche
19 Der neue Minuten-Manager
26 Das erste Geheimnis: Das 1-Minuten-Ziel
35 Das 1-Minuten-Ziel: Zusammenfassung
37 Das zweite Geheimnis: Das 1-Minuten-Lob
45 Das 1-Minuten-Lob: Zusammenfassung
48 Der Vergleich
50 Das dritte Geheimnis: Die 1-Minuten-Neuausrichtung
59 Die 1-Minuten-Neuausrichtung: Zusammenfassung
61 Der neue Minuten-Manager erklärt
65 Warum das 1-Minuten-Ziel funktioniert
76 Warum das 1-Minuten-Lob funktioniert
83 Warum die 1-Minuten-Neuausrichtung funktioniert
99 Noch ein neuer Minuten-Manager
100 Das Strategiepapier des neuen Minuten-Managers
101 Ein Geschenk für sich selbst
103 Ein Geschenk für andere

107 Danksagung
109 Über die Autoren
110 Der nächste Schritt

:01® Eine Vorbemerkung der Autoren

Seit der Veröffentlichung des ersten Buches über den *Minuten-Manager* hat sich die Welt verändert. Heutzutage müssen Unternehmen und Organisationen mit weniger Ressourcen schneller reagieren, um mit der schnell sich verändernden Technik und mit der Globalisierung Schritt zu halten. Wir freuen uns, Ihnen den *Neuen Minuten-Manager* anbieten zu können. Er wird Ihnen helfen, sich in dieser sich wandelnden Welt zurechtzufinden, Ihr Unternehmen zu leiten und erfolgreich zu sein.

Da die zugrundeliegenden Prinzipien in dieser inzwischen klassischen Geschichte unverändert bleiben – die so vielen Millionen Menschen auf der ganzen Welt geholfen haben –, bleibt auch ein großer Teil der Geschichte unverändert.

Aber parallel zum Wandel der Zeit hat sich auch der Minuten-Manager verändert. Er hat jetzt einen neuen gemeinschaftlichen Ansatz, Menschen zu führen und zu motivieren.

Als er erstmals seine Lehre der drei Geheimnisse veröffentlichte, war der Führungsstil von oben nach unten das vorherrschende Verhalten.

Heutzutage zeichnet sich ein wirkungsvoller Führungsstil eher durch eine gleichberechtigte Beziehung aus. Dieses Konzept werden Sie im *Neuen Minuten-Manager* widergespiegelt finden.

Heute legen die Menschen mehr Wert darauf, Erfüllung in ihrer Arbeit und in ihrem Leben zu finden. Sie möchten sich engagieren und einen sinnvollen Beitrag leisten. Es geht ihnen weniger darum, mit einem Job Zeit gegen Geld einzutauschen, um dann Bedürfnisse außerhalb der Arbeit zu befriedigen.

Der neue Minuten-Manager zeigt dafür Verständnis und geht mit den Menschen entsprechend um – wohl wissend, dass sie entscheidend zum Erfolg einer Organisation beitragen. Seine Priorität ist es, talentierte Mitarbeiter zu gewinnen und sie in der Firma zu halten.

Entscheidend dabei ist, wie er diese neue Herangehensweise *umsetzt*.

Wie der alte Weise Konfuzius rät: «Das Entscheidende am Wissen ist, dass man es beherzigt und anwendet.»

Wir vertrauen darauf, dass Sie die drei Geheimnisse, die Sie im *Neuen Minuten-Manager* entdecken werden, nutzen, um in Ihrer sich wandelnden Welt erfolgreich zu sein – nicht nur mit Ihren Kollegen und Partnern bei der Arbeit, sondern auch privat mit Ihrer Familie und mit Ihren Freunden.

Sollten Sie dies tun, dann sind wir davon überzeugt, dass Sie und die Menschen, mit denen Sie zusammenleben und arbeiten, ihr Leben gesünder, glücklicher und produktiver empfinden werden.

Dr. Ken Blanchard
Dr. Spencer Johnson

:01 Die Geschichte des neuen Minuten-Managers

Es war einmal ein aufgeweckter junger Mann, der wollte eine außergewöhnliche Führungskraft kennenlernen, die in der sich wandelnden Welt von heute bestehen konnte.

Er wollte einen Manager finden, der seine Leute ermutigte, Leben und Arbeit in der Balance zu halten, damit beides mehr Sinn und mehr Freude bereitete.

Für einen solchen wollte er arbeiten. Er wollte selbst einer werden.

Seine Suche dauerte viele Jahre und führte ihn in die entlegensten Ecken der Welt.

Er hatte sich in kleinen Städten und in den Metropolen mächtiger Nationen umgesehen.

Er hatte mit zahlreichen Führungskräften gesprochen, die sich bemühten, mit der rasch sich verändernden Welt zurechtzukommen: mit Regierungsbeamten und Offizieren, mit Baustellenleitern und Geschäftsführern, mit Institutsdirektoren und Vorarbeitern, mit Aufsichtsbeamten und Gewerkschaftsfunktionären, mit den Leitern von Einzelhandelsfilialen und Restaurants, von Bankzweigstellen und Hotels, mit Männern und Frauen – mit Jungen und Alten.

Er hatte in den unterschiedlichsten Büros gesessen, in großen und in kleinen, in protzigen und in schlichten, hinter riesigen Glasfronten oder vor grauen Wänden.

Allmählich bekam er einen Überblick über das gesamte Spektrum der Menschenführung und der Leitungsfunktionen.

Aber es gefiel ihm längst nicht alles, was er zu sehen bekam.

Er hatte viele «harte» Manager erlebt, deren Geschäfte gutgingen (so schien es), während es der Belegschaft schlechtging.

Einige glaubten, sie seien gute Manager. Viele ihrer Untergebenen glaubten das Gegenteil.

Und wenn der junge Mann bei diesen «harten Leuten» im Büro saß, stellte er immer die Frage: «Als was für eine Art Manager sehen Sie sich selber?»

Die Antworten liefen alle auf dasselbe hinaus.

«Ich bin ein autokratischer Manager – ich habe alles fest im Griff», bekam er zu hören. «Ich bin einer, der am Schluss ein Plus schreiben kann.» «Durchsetzungsfähig.» «Realistisch.» «Gewinnorientiert.»

Sie sagten, sie hätten schon immer so gearbeitet und sähen keinen Grund, das zu ändern.

Er hörte den Stolz in ihrer Stimme und ihr Interesse am Endergebnis.

Der Mann lernte auch viele «nette» Manager kennen, deren Belegschaft es gutzugehen schien, während ihre Geschäfte schlechtgingen.

Einige der Mitarbeiter, die ihnen unterstellt waren, hielten sie für gute Führungskräfte.

Diejenigen, denen sie selbst unterstellt waren, hatten da ihre Zweifel.

Wenn der Mann von diesen «netten» Menschen seine Frage beantwortet bekam, hörte er:

«Ich bin ein teamorientierter Manager.» «Fördernd.» «Einfühlsam.» «Menschlich.»

Er hörte den Stolz in ihrer Stimme und ihr Interesse am Menschen.

Aber etwas störte ihn.

Es sah so aus, als ob sich die meisten Manager auf der Welt weiterhin so verhielten, wie sie es immer getan hatten, und in erster Linie entweder an den Endergebnissen oder an den Menschen interessiert waren.

Die Manager, die an den Endergebnissen interessiert waren, schienen oft als «autokratisch» abgestempelt zu werden, während die an den Menschen interessierten Manager oft als «demokratisch» abgestempelt wurden.

Der junge Mann war der Ansicht, dass beide Managertypen – der «harte» Autokrat und der «nette» Demokrat – nur zum Teil effektiv waren. *«Als ob sie nur mit halber Kraft arbeiten»*, dachte er.

Müde und enttäuscht kehrte er nach Hause zurück.

Wahrscheinlich hätte er seine Suche schon längst aufgegeben, wenn er nicht einen großen Vorteil gehabt hätte: Er wusste genau, wonach er suchte.

In diesen Zeiten des Wandels, dachte er, führen die effektivsten Manager sich selbst und ihre Mitarbeiter so, dass sowohl die Angestellten als auch das Unternehmen durch ihre Anwesenheit profitieren.

Überall hatte der junge Mann nach solchen leistungsfähigen Managern gesucht, aber nur wenige gefunden. Und die wenigen, die er fand, wollten ihm ihre Geheimnisse nicht preisgeben. Allmählich glaubte er, dass er wohl niemals finden würde, was er suchte.

Doch dann kamen ihm erstaunliche Geschichten über einen ganz besonderen Manager zu Ohren, der – wie könnte es anders sein – auch noch ganz in der Nähe lebte. Er hörte, dass die Menschen für diesen Mann gern arbeiteten und dass sie gemeinsam tolle Ergebnisse erzielten.

Außerdem hatte er gehört, dass die Menschen, die ihr Leben nach den Prinzipien des Managers gestalteten, ebenfalls großartige Ergebnisse erzielten.

Nun fragte er sich, ob diese Geschichten denn auch wirklich stimmten und, wenn ja, ob der betreffende Manager auch wirklich bereit sein würde, ihn in seine Geheimnisse einzuweihen.

Aus reiner Neugier rief er die Sekretärin des besonderen Managers an und bat um einen Termin. Er war freudig überrascht, dass die Sekretärin das Gespräch sofort durchstellte.

Der junge Mann fragte nun diesen besonderen Manager, wann er Zeit für ihn hätte. Der Manager antwortete: «Jederzeit diese Woche, außer Mittwoch Vormittag. Sie können sich's aussuchen.»

Der junge Mann war verblüfft: Welcher Manager hatte schon so viel Zeit zur Verfügung? Aber er war fasziniert, und dann ging er zu dem Treffen.

Als der junge Mann das Büro des Managers betrat, sah er ihn am Fenster stehen und hinausschauen. Der Manager drehte sich um, forderte den jungen Mann auf, sich zu setzen, und fragte: «Was kann ich für Sie tun?»

«Ich habe großartige Dinge über Sie gehört und würde gern mehr über Ihren Managementstil erfahren.»

«Nun, wir wenden unsere bewährten Methoden mit unterschiedlichen neuen Ansätzen an, um all den Veränderungen, die stattfinden, gerecht zu werden, aber darüber können wir ja später noch sprechen. Anfangen sollten wir mit den Grundlagen.

Wir waren ein Unternehmen, das von oben nach unten geführt wurde, was damals noch ganz gut funktionierte. Heute jedoch ist diese Struktur zu langsam. Den Leuten fehlt die Anregung, und Innovationen setzen sich nicht durch. Da die Kunden schnelleren Service und bessere Produkte verlangen, muss jeder seine Begabungen einbringen. Sie finden *brain power*, die klugen Köpfe, nicht nur im Büro des Direktors, sondern überall im Betrieb. Da inzwischen Schnelligkeit die Währung des Erfolgs ist, kann Führung mit Zusammenarbeit viel effektiver sein als das alte System von Anweisung und Kontrolle.»

«Und wie verbinden Sie Führung mit Zusammenarbeit?»

«Ich treffe mich jeden Mittwochmorgen mit meinem Team – deshalb konnte ich Ihnen für diesen Vormittag auch keinen Termin geben. Bei diesen Sitzungen höre ich mir Berichte und Analysen über die Leistungen unserer Gruppe in der vergangenen Woche an. Sie reden über ihre Probleme, über die verbleibende Arbeit und über ihre Pläne und Strategien, um diese Dinge zu erledigen.»

«Sind denn die bei diesen Sitzungen getroffenen Entscheidungen für Sie und das Team bindend?»

«Ja, das sind sie. Der Zweck dieses Treffens liegt darin, die Angestellten an den wichtigsten Entscheidungen über die nächsten Schritte teilhaben zu lassen.»

«Dann sind Sie also ein teamorientierter Manager?», fragte der junge Mann.

«Eigentlich nicht. Ich glaube an die Förderung, aber nicht an die Beteiligung an der Entscheidungsfindung anderer Leute.»

«Was ist dann der Sinn ihrer Sitzungen?»

«Habe ich Ihnen das nicht gerade erzählt?»

Der junge Mann fühlte sich unbehaglich und wünschte, er hätte diesen Fehler nicht begangen.

Der Manager hielt kurz inne und holte tief Luft. «Wir sind hier, um Ergebnisse zu erzielen. Wenn wir auf die Begabungen aller Mitarbeiter zurückgreifen können, sind wir viel produktiver.»

«Also sind Sie eher an Resultaten orientiert als an Menschen.»

Der Manager stand auf und begann, auf und ab zu gehen. «Um schneller erfolgreich zu sein, müssen Manager zwar ergebnisorientiert sein, aber es muss ihnen auch um die Menschen gehen.

Wie um alles in der Welt können wir Resultate erzielen, wenn nicht mit Hilfe von Menschen? Mir geht es um Menschen *und* um Ergebnisse, weil beides Hand in Hand geht.

Schauen Sie sich das hier bitte einmal an.» Der Manager deutete auf seinen Computer. «Das hier ist mein Bildschirmschoner. Er soll mich an eine praktische Wahrheit erinnern.»

Nur wer sich selbst gut findet, arbeitet auch gut.

Während der junge Mann den Spruch betrachtete, sagte der Manager: «Denken Sie doch mal an sich selbst. Wann können Sie am besten arbeiten? Wenn Sie sich selbst gut fühlen oder wenn Sie sich nicht gut fühlen?»

Der junge Mann nickte: Das lag ja eigentlich auf der Hand! «Ich schaffe mehr, wenn ich mich gut fühle», stimmte er zu.

«Klar schaffen Sie dann mehr!» unterstrich der Manager. «Und das gilt für alle Menschen.»

«Also: Wenn man den Mitarbeitern dazu verhilft, sich selber gut zu finden, dann schafft man auch mehr.»

«Ja», pflichtete ihm der Manager bei. «Doch vergessen Sie nicht, dass Produktivität mehr ist als nur die *Quantität* der bewältigten Arbeit. Zur Produktivität gehört immer auch die *Qualität*.» Er ging zum Fenster und sagte: «Kommen Sie doch mal bitte hierher.»

Als der junge Mann ans Fenster trat, zeigte der Manager hinunter auf ein Restaurant. «Sehen Sie, wie viele Gäste dieses Restaurant hat?»

Der junge Mann entdeckte eine Schlange von Menschen vor der Restauranttür. «Das scheint ja ein guter Ort für ein Restaurant zu sein», lautete seine Beobachtung.

Der Manager entgegnete: «Wenn das wahr ist, warum gibt es dann keine Schlange vor der Tür des anderen Restaurants zwei Häuser weiter? Warum wollen die Leute im ersten Restaurant essen und nicht im zweiten?»

«Wahrscheinlich, weil Essen und Service besser sind», antwortete der junge Mann.

«Ja, ganz einfach, nicht wahr? Wenn Sie den Leuten nicht ein Qualitätsprodukt und den Service bieten, den sie verlangen, dann bleiben Sie nicht lange im Geschäft.

Man übersieht schnell das Offensichtliche. Am besten erzielt man diese erfolgreichen Ergebnisse mit *Menschen*! Es sind die Mitarbeiter, die in den besten Restaurants für den Erfolg verantwortlich sind.»

Das Interesse des jungen Mannes war geweckt. Als sie wieder Platz nahmen, sagte er: «Sie haben ja bereits erklärt, kein teamorientierter Manager zu sein. Wie würden Sie sich dann selbst beschreiben?

«Ich bin ein Minuten-Manager.»

Erstaunen zeigte sich auf dem Gesicht des jungen Mannes. «Sie sind ein was?»

Der Manager lachte und sagte: «Man nennt mich so, weil ich sehr wenig Zeit brauche, um mit Menschen sehr gute Ergebnisse zu erzielen.»

Der junge Mann hatte schon mit vielen Managern gesprochen, aber so hatte er noch nie einen reden hören. Es war kaum zu glauben – jemand, der gute Ergebnisse erzielt, ohne viel Zeit aufwenden zu müssen.

Der Manager konnte seinem Gast die Zweifel vom Gesicht ablesen und sagte: «Sie glauben mir nicht, stimmt's?»

«Ich muss zugeben, dass ich es mir kaum vorstellen kann», erwiderte der junge Mann.

Der Manager lachte und sagte: «Passen Sie auf, am besten, Sie sprechen mal mit meinen Leuten, wenn Sie wirklich wissen wollen, was für eine Art von Manager ich bin.»

Der Manager setzte sich an seinen Computer, druckte eine Liste aus und gab sie dem jungen Mann. «Hier sind die Namen, Posten und Telefonnummern der sechs Leute, die direkt an mich berichten.»

«Und mit wem davon soll ich sprechen?», fragte der junge Mann.

«Das ist Ihre Entscheidung», antwortete der Manager. «Suchen Sie sich irgendeinen heraus. Sprechen Sie nur mit einem von ihnen oder auch mit allen.»

«Ja, aber ich meine, mit wem soll ich anfangen?»

«Ich habe Ihnen schon gesagt, ich nehme anderen Menschen ihre Entscheidungen nicht ab», sagte der Manager mit Nachdruck. «Entscheiden Sie das selbst.» Einen Moment lang schwieg er, und es kam dem jungen Mann vor wie eine Ewigkeit.

Er begann, sich unwohl zu fühlen, und wünschte, er hätte den Manager nicht gebeten, eine Entscheidung für ihn zu treffen, die er selbst hätte treffen können.

Der Manager stand auf und brachte seinen Gast zur Tür. «Sie möchten wissen, wie man Menschen führt. Und das gefällt mir an Ihnen.

Falls Sie nach den Gesprächen mit meinen Mitarbeitern noch Fragen haben, können Sie gern noch einmal zu mir kommen», sagte er freundlich. «Ich würde Ihnen das Konzept des Minuten-Managers sehr gern zum Geschenk machen. Mir ist es auch einmal geschenkt worden, und damit ist für mich alles völlig anders geworden. Wenn Sie es von Grund auf verstehen, wollen Sie vielleicht eines Tages selber ein Minuten-Manager werden.»

«Vielen Dank», konnte der junge Mann gerade noch sagen. Als er an Courtney, der Sekretärin des Managers, vorbeiging, sagte sie: «Sie sind ja ganz in Gedanken! Man merkt gleich, dass Sie unseren Minuten-Manager schon richtig kennengelernt haben.»

Der junge Mann war noch dabei, sich alles zusammenzureimen, und sagte: «Das scheint mir auch so.»

«Vielleicht kann ich Ihnen helfen?», fragte sie.

«Das wäre schön. Er gab mir diese Liste mit Leuten, mit denen ich sprechen könnte.»

Sie schaute sich die Liste an. «Drei von denen sind diese Woche unterwegs. Aber Teresa Lee, Paul Trendell und Jon Levy sind heute da. Ich könnte sie anrufen und einen Termin für Sie vereinbaren.»

«Dafür wäre ich Ihnen dankbar», sagte der junge Mann.

Als der junge Mann das Büro betrat, setzte Teresa Lee ihre Lesebrille ab und lächelte. «Wie ich hörte, haben Sie unseren Manager kennengelernt. Ein toller Mann, nicht wahr?»

«Ja, scheint so.»

«Hat er Ihnen vorgeschlagen, mit uns über seinen Führungsstil zu sprechen?

«Ja, das hat er.»

Teresa sagte: «Es ist wirklich fantastisch, wie gut es funktioniert. Ich bin immer noch erstaunt, wie wenig Zeit er mir seit meiner Einarbeitung widmen muss.»

«Ist das wahr?»

«Aber natürlich ist das wahr. Ich komme nur sehr selten mit ihm zusammen.»

«Wollen Sie damit sagen, dass er Ihnen nie hilft?», wunderte sich der junge Mann.

«Im Grunde genommen sehr wenig. Allerdings, wenn ich eine neue Aufgabe oder Verantwortung übernehme, nimmt er sich zu Anfang schon Zeit für mich. Dann geht es ihm um die 1-Minuten-Zielfestlegung.»

«Die 1-Minuten-Zielfestlegung? Was ist das?»

«Das ist das erste der drei Geheimnisse des 1-Minuten-Managements», antwortete Teresa.

«Drei Geheimnisse?», fragte der junge Mann neugierig.

«Ja», sagte Teresa. «Die 1-Minuten-Zielfestlegung ist das erste Geheimnis und die Grundlage des ganzen Minuten-Managements. Wie Sie wissen, bekommt man in den meisten Betrieben, wenn man die Einzelnen danach fragt, worin ihre Aufgaben bestehen, und dann ihren Vorgesetzten dieselbe Frage stellt, zwei sehr verschiedene Angaben.

In einigen Firmen, bei denen ich früher gearbeitet habe, war es dem reinen Zufall überlassen, ob das, was ich als meinen Verantwortungsbereich ansah, überhaupt etwas zu tun hatte mit dem, was mein Chef als meine Aufgabe betrachtete. Und prompt bekam ich Schwierigkeiten, weil ich irgend etwas nicht erledigt hatte, was ich nicht im Traum für meine Sache gehalten hätte.»

«Kommt das hier auch vor?», fragte der junge Mann.

«Nein!», sagte Teresa. «Das kommt hier nie vor. Unser Manager stellt immer klar, was unsere Aufgaben sind und wofür wir die Verantwortung tragen.»

«Und wie macht er das?», wollte der junge Mann wissen.

«Effektiver als je zuvor», sagte Teresa mit einem Lächeln. «Tatsächlich nenne ich ihn inzwischen den *neuen* Minuten-Manager, weil er mit *neuen* Methoden arbeitet, die jetzt noch effektiver sind.»

«Und wie funktioniert das?»

Sie erklärte: «Statt uns Ziele zu setzen, hört er sich zum Beispiel unsere Beiträge an und arbeitet mit uns Hand in Hand, um die Zielsetzungen zu erarbeiten. Und nachdem wir uns auf die wichtigsten Ziele geeinigt haben, wird jedes einzelne auf einer Din-A4-Seite beschrieben.

Er ist der Ansicht, dass man nicht mehr als einen oder zwei Absätze benötigt, um ein Ziel und seine Durchführungsvorgaben – was bis wann getan werden muss – zu formulieren und um es es anschließend innerhalb einer Minute durchlesen zu können.

Sobald wir die Ziele prägnant aufgeschrieben haben, fällt es nicht schwer, sie sich häufig anzuschauen und auf das Wichtigste konzentriert zu bleiben.

Schließlich schicke ich ihm eine E-Mail mit meinen Zielen und bewahre Kopien davon auf, sodass alles klar ist und wir beide gelegentlich meinen Fortschritt überprüfen können.»

«Wenn Sie für jedes Ziel eine Beschreibung haben, die auf ein Blatt Papier passt, kommen da nicht eine Menge Seiten für jeden Mitarbeiter zusammen?»

«Nein, durchaus nicht. Der Minuten-Manager hält sich bei der Zielbeschreibung an die Faustregel 80 zu 20. Die Arbeitsergebnisse, auf die es wirklich ankommt, stammen zu 80 Prozent aus dem, was nur 20 Prozent unserer Arbeitsziele ausmacht. Also konzentrieren wir uns bei der 1-Minuten-Zielbeschreibung auf genau diese 20 Prozent, das heißt auf die Schwerpunkte unseres Aufgabenbereichs. Das ergibt insgesamt vielleicht drei bis sechs Ziele. Freilich, wenn ein besonderes Projekt außer der Reihe auftaucht, setzen wir uns natürlich auch besondere 1-Minuten-Ziele.

Da jedes Ziel in einer Minute durchgelesen werden kann», fuhr sie fort, «werden wir ermutigt, ab und zu einen Moment innezuhalten, um zu prüfen, ob das, was wir gerade tun, mit unseren Zielen übereinstimmt.

Sollte das nicht der Fall sein, passen wir unser Handeln entsprechend an. Das hilft uns, schneller zum Erfolg zu kommen.»

«Sie kontrollieren also selbst, ob Ihre Tätigkeiten den Erwartungen entsprechen, und warten nicht darauf, dass der Manager es Ihnen sagt.»

«So ist es.»

«Dann managen Sie sich also gewissermaßen selbst?»

«Ganz genau», sagte Teresa nickend.

«Und es ist viel leichter so», fügte sie hinzu, «weil wir unseren Job kennen. Unser Manager achtet darauf, dass wir wissen, wie eine gute Leistung aussieht, weil er uns zeigt, wie es geht. Mit anderen Worten, beiden Seiten ist klar, was erwartet wird.

Manche von uns arbeiten jedoch nicht vor Ort, sodass unser Manager nicht immer in der Lage ist, es jedem persönlich zu zeigen, aber er macht es auf eine andere Weise.»

«Können Sie mir ein Beispiel geben?»

«Natürlich», sagte Teresa, «eines meiner 1-Minuten-Ziele lautete so: Machen Sie Abwicklungsprobleme ausfindig, und schlagen Sie Lösungen vor, wie diese Engpässe konkret zu beseitigen sind.

Als ich anfing, hier zu arbeiten, entdeckte ich auf Reisen ein Problem, das gelöst werden musste. Doch ich wusste nicht, was ich tun sollte. Ich rief also den Manager an. Als er sich am Telefon meldete, sagte ich: ‹Ich habe ein Problem.› Und bevor ich noch ein einziges weiteres Wort herausbringen konnte, sagte er: ‹Gut! Zum Problemelösen haben wir Sie eingestellt.› Danach herrschte Totenstille am anderen Ende der Leitung.

Ich wusste nicht, was ich tun sollte. Schließlich stotterte ich: ‹Aber ich weiß nicht, wie ich dieses Problem lösen soll.›

‹Teresa›, sagte er, ‹eines Ihrer zukünftigen Ziele wird sein, Ihre Probleme selbst zu erkennen und selbst zu lösen. Aber da Sie noch nicht lange bei uns sind, kommen Sie her, wir sprechen darüber. Und sagen Sie mir, was Ihr Problem ist.›

Ich versuchte also, das Problem so gut wie möglich zu beschreiben. Aber ich war schrecklich nervös und ging in Abwehrstellung.»

Mein Manager beruhigte mich, als er freundlich sagte: ‹Erzählen Sie mir einfach, ob das Problem durch das Verhalten anderer Leute entsteht.›

Als ich das hörte, war ich gezwungen, über das eigentliche Problem nachzudenken anstatt über mich selbst, und ich beschrieb ihm das Problem so, wie er es sich gewünscht hatte.

Dann sagte er: ‹Das ist gut, Teresa! Und jetzt sagen Sie mir, was Ihrer Meinung nach geschehen soll.›

‹Ich bin mir nicht sicher›, sagte ich.

‹Dann melden Sie sich wieder, wenn Sie es wissen›, sagte er.

Einige Sekunden lang war ich starr vor Schrecken. Ich wusste nicht, was ich tun sollte. Er hatte Mitleid und brach das Schweigen.

‹Wenn Sie mir nicht sagen können, was nach Ihrer Meinung zu geschehen hat›, sagte er, ‹haben Sie noch gar kein Problem. Sie jammern bloß. Ein Problem existiert erst dann, wenn zwischen dem *tatsächlichen* Geschehen und dem von Ihnen *gewünschten* Geschehen eine Diskrepanz besteht.›

Da ich eine schnelle Auffassungsgabe besitze, wurde mir plötzlich bewusst, was nach meiner Ansicht geschehen sollte. Nachdem ich ihm das gesagt hatte, wollte er von mir hören, was die Diskrepanz zwischen dem tatsächlichen Ablauf und dem gewünschten verursacht haben könnte.

Danach sagte er: ‹Und was werden Sie jetzt dagegen unternehmen?›

‹Nun, ich könnte die Lösung A anpacken›, sagte ich.

‹Wenn Sie nun die Lösung A verwirklicht hätten, würde dann tatsächlich das passieren, was nach Ihrer Vorstellung passieren muss?› fragte er.

‹Nein›, sagte ich.

‹Dann haben Sie sich eine miserable Lösung ausgedacht. Was könnten Sie sonst noch unternehmen?›, fragte er.

‹Ich könnte die Lösung B in Angriff nehmen›, sagte ich.

‹Aber wenn Sie nun die Lösung B verwirklicht hätten, würde dann tatsächlich das passieren, was nach Ihrer Vorstellung passieren muss?›, konterte er wieder.

‹Nein›, erkannte ich.

‹Dann ist das auch eine schlechte Lösung›, sagte er. ‹Was können Sie sonst noch tun?›

Ich dachte ein paar Sekunden nach und sagte dann: ‹Ich könnte Lösung C durchziehen. Aber wenn ich Lösung C mache, wird das, was nach meiner Vorstellung zu geschehen hat, auch nicht geschehen, also wäre das auch eine schlechte Lösung, nicht wahr?›

‹Sehr richtig. Allmählich haben Sie's raus›, sagte der Manager daraufhin und lächelte dabei. ‹Gibt es noch etwas, was Sie tun könnten?›, fragte er.

Ich fühlte mich erleichtert, lachte wieder und sagte: ‹Vielleicht könnte ich einige dieser Lösungen kombinieren.›

‹Das ist einen Versuch wert›, erwiderte er.

‹Tatsächlich, wenn ich Lösung A in dieser Woche angehe, B in der nächsten und C in zwei Wochen, werde ich das Problem gelöst haben. Ganz große Klasse! Vielen Dank! Sie haben mein Problem gelöst.›

‹Das habe ich nicht›, unterbrach er mich. ‹Sie selbst haben das getan. Ich habe Ihnen nur Fragen gestellt – Fragen, die Sie sich in Zukunft auch selbst stellen können.›

Mir war natürlich klar, was er getan hatte. Er hatte mir gezeigt, wie man Probleme löst, sodass ich es ohne seine Hilfe schaffen konnte.»

«Ist es das, was Sie unter guter Leistung verstehen?», fragte der junge Mann.

«So ist es. Mein Manager *zeigt* mir, wie man es macht, sodass ich es verstehen und anschließend selbst tun kann.

Gegen Ende des Gesprächs sagte er: ‹Sie sind gut, Teresa. Denken Sie daran, wenn Sie das nächste Mal ein Problem haben.›»

Teresa lehnte sich in ihrem Stuhl zurück, und es hatte den Anschein, als erlebte sie ihre erste Begegnung mit dem Minuten-Manager in ihrer Vorstellung noch einmal.

«Ich erinnere mich, hinterher gelächelt zu haben. Sein Verhalten, so viel war mir klar, bedeutete, dass er in Zukunft nicht mehr viel mit mir zu tun haben würde.»

«Weil Sie lernen konnten, Ihre Probleme lieber selbst zu lösen?»

«Genau. Es ist ihm wichtig, dass jeder in unserem Team Freude an seiner Arbeit hat und die Aufgaben besser und schneller erledigt.»

Der junge Mann dachte eine Weile nach und sagte dann: «Ich kann verstehen, wie ein Team mit selbständiger handelnden Mitarbeitern den Betrieb flexibler macht.

Hätten Sie etwas dagegen, wenn ich kurz schriftlich zusammenfasse, was ich bisher gelernt habe?»

«Ich halte das für eine gute Idee», antwortete Teresa.

Und so schrieb der junge Mann:

Die 1-Minuten-Zielsetzung funktioniert gut, wenn

1. Sie die Ziele gemeinsam planen und sie kurz und prägnant beschreiben. Zeigen Sie den Mitarbeitern, wie eine gute Durchführung aussieht.

2. Lassen Sie jeden Mitarbeiter seine eigenen Ziele mit Fälligkeitsdatum auf einer einzigen Seite aufschreiben.

3. Bitten Sie sie, ihre wichtigsten Ziele einmal täglich durchzulesen, was nur ein paar Minuten in Anspruch nimmt.

4. Ermutigen Sie die Mitarbeiter, sich eine Minute zu gönnen, um darüber nachzudenken, was sie *tun*, und um zu sehen, ob ihr Verhalten mit ihren Zielen übereinstimmt.

5. Sollte es keine Übereinstimmung geben, ermutigen Sie sie noch einmal, ihr Tun zu überdenken, damit sie ihre Ziele erreichen.

Der junge Mann zeigte Teresa seine Zusammenfassung.

«Völlig richtig», rief sie. «Sie lernen schnell.»

«Vielen Dank», sagte der junge Mann und hatte jetzt ein gutes Selbstgefühl.

«Wenn die 1-Minuten-Zielfestlegung das erste Geheimnis auf dem Weg zu einem Minuten-Manager ist, was sind dann die anderen zwei?»

Teresa grinste, sah auf die Uhr und sagte: «Warum stellen Sie diese Frage nicht Paul Trenell? Sie sind doch heute Vormittag auch noch mit ihm verabredet, nicht wahr?»

Der junge Mann wunderte sich. Woher wusste Teresa das?

«Ja», sagte der junge Mann, während er aufstand, um ihr die Hand zu geben. «Vielen Dank, dass Sie mir Ihre Zeit gewidmet haben.»

«Das habe ich gern getan. Denn inzwischen habe ich wesentlich mehr Zeit zur Verfügung. Wahrscheinlich haben Sie schon gemerkt, dass auch ich dabei bin, ein Minuten-Manager zu werden.»

«Sie meinen, Sie stellen fest, was sich verändert, und suchen neue Möglichkeiten, die drei Geheimnisse anzuwenden?»

«Ja. Das ist eines meiner wichtigsten Ziele.»

Als der junge Mann Teresas Büro verließ, war er fasziniert, wie einfach das war, was er gerade gehört hatte. Er dachte: Es leuchtet mir ein. Wie kann man am Ende auch ein effektiver Manager sein, wenn man sich nicht gemeinsam mit den Mitarbeitern darüber im Klaren ist, wie Zielsetzungen und Durchführungen aussehen sollen?

Als er Paul Trenells Büro betrat, war er erstaunt, einen so jungen Mann anzutreffen. Paul war wohl erst Ende zwanzig, Anfang dreißig.

«Sie haben also einen Termin beim Manager gehabt, oder? Ein toller Mann, finden Sie nicht?»

Er gewöhnte sich schon langsam daran, dass der Minuten-Manager ein «toller Mann» genannt wurde.

«Ich denke schon, dass er das ist», erwiderte der junge Mann.

«Hat er mit Ihnen über seine Art des Managements gesprochen?», fragte Paul.

«O ja, das hat er! Aber stimmt das auch wirklich?», fragte der junge Mann, um zu sehen, ob die Antwort hier anders lauten würde als bei Teresa.

«Aber natürlich. An meinem letzten Arbeitsplatz war mein Boss ein Mikromanager, aber unser neuer Minuten-Manager glaubt nicht an diesen Führungsstil.»

«Wollen Sie damit sagen, dass er Ihnen nicht hilft?»

«Nicht so viel wie in der Zeit, als ich noch lernte. Inzwischen vertraut er mir mehr.

Wenn ich allerdings eine neue Aufgabe oder Verantwortung übernehme, nimmt er sich zu Anfang schon richtig Zeit für mich.»

«Ja, ich weiß: die 1-Minuten-Zielfestlegung», unterbrach der junge Mann.

«An die 1-Minuten-Zielfestlegung habe ich dabei eigentlich weniger gedacht. Ich meinte das 1-Minuten-Lob.»

«Das 1-Minuten-Lob? Ist das das zweite Geheimnis?»

«Ja, das ist es. Mein Manager hat mir, als ich hier anfing, von vornherein ganz klar gesagt, wie er sich verhalten wird.»

«Und wie?» fragte der Besucher.

«Er sagte, er wüsste, dass es mir wesentlich leichter fallen würde, gute Arbeit zu leisten, wenn ich von ihm ein glasklares Feedback darüber bekomme, wie ich die Dinge angehe. Er sagte, ihm liege daran, dass ich Erfolg habe. Ihm liege daran, dass mein Kommen ein Gewinn wird für alle im Hause und dass ich Freude habe an meiner Arbeit.

Dann sagte er mir, genau deswegen werde er sich Mühe geben, mir immer *klipp und klar* zu sagen, wann ich meine Sache gut mache und wann nicht. Und danach bereitete er mich darauf vor, dass es in der ersten Zeit wahrscheinlich für keinen von uns sehr angenehm sein würde.»

«Warum?»

«Weil, wie er mir dann erklärte, die meisten Führungskräfte so nicht führen. Anschließend machte er mir deutlich, falls mir der Erfolg wichtig sei, würde solch ein Feedback eine große Hilfe sein für mich.»

«Können Sie mir an einem Beispiel erklären, was Sie damit meinen?»

«Gern», willigte Paul ein. «Kurz nachdem ich mit der Arbeit angefangen hatte und mein Chef die 1-Minuten-Zielfestlegung mit mir durchgegangen war, merkte ich, dass er weiterhin engen Kontakt mit mir hielt.»

«Was meinen Sie mit ‹engem Kontakt›?»

«Er tat das auf zweierlei Weise», erklärte Paul. «Als Erstes beobachtete er sehr genau, was ich tat. Selbst wenn ich nicht vor Ort war, schaute er sich Unterlagen an, die ihm zeigten, wie ich mich schlug. Zweitens verlangte er von mir, ihm Berichte über meine Fortschritte zu schicken.»

«Wie kamen Sie damit zurecht?»

«Zuerst fühlte ich mich verunsichert. Dann erinnerte ich mich an seine Aussage, er wolle mich anfangs beobachten, um mich dabei zu erwischen, wie ich etwas richtig mache.»

«Sie bei einer guten Leistung zu *erwischen*?», sprach der junge Mann nach.

«Ja», erwiderte Paul. «Bei uns gibt es folgende Hausregel.»

*Hilf jedem,
seine Höchstform
zu erreichen!*

*Erwisch ihn,
wenn er's gut macht!*

Der junge Mann hatte nie zuvor von einem Manager gehört, der sich so verhielt, obwohl er schon vielen begegnet war.

Paul fuhr fort: «In fast allen Unternehmen verbringen die Führungskräfte fast ihre gesamte Zeit damit, das Personal zu erwischen, und zwar wann?», fragte er den jungen Mann.

Der junge Mann sagte mit einem wissenden Lächeln: «Wenn sie etwas falsch machen.»

«Richtig!», grinste Paul. «Das sollte kein Wortspiel sein. Bei uns hier liegt die Betonung auf dem Positiven. Wir wollen unsere Mitarbeiter dabei erwischen, wenn sie etwas gut machen, vor allem dann, wenn sie mit einer neuen Aufgabe anfangen.»

Der junge Mann schrieb sich ein paar Notizen in sein Heft und fragte dann: «Was geschieht denn, wenn er Sie dabei erwischt, dass Sie eine Sache gut gemacht haben?»

«Das ist der Moment, in dem er einem das 1-Minuten-Lob ausspricht», sagte Paul mit sichtlichem Vergnügen.

«Was bedeutet das?», wollte der junge Mann wissen.

«Also, wenn er beobachtet hat, dass Sie eine Sache gut gemacht haben, erzählt er Ihnen genau, was Sie gerade getan haben und wie toll er das findet.

Er hält dann kurz inne, damit auch Sie es fühlen können. Dann bekräftigt er das Lob, indem er Sie ermutigt, so weiterzumachen.»

«Ich habe, glaub ich, noch nie etwas von einem Manager gehört, der sich so verhält», platzte der junge Mann heraus. «Das muss einem ein tolles Selbstgefühl geben.»

«Das tut es wirklich», bestätigte Paul. «Und zwar aus mehreren Gründen. Als Erstes bekomme ich eine Anerkennung sofort, wenn ich etwas gut gemacht habe.» Lächelnd beugte er sich zu seinem Besucher hinüber und sagte: «Ich brauche nicht ein ganzes Jahr auf die Leistungsprämie zu warten. Verstehen Sie, was ich meine?»

«Natürlich», sagte der junge Mann. «Es ist schrecklich, so lange warten zu müssen, bis man weiß, wie gut man sich schlägt.»

«Da stimme ich Ihnen zu. Zweitens: Weil er genau aufzählt, was ich gut gemacht habe, weiß ich, dass er's ehrlich meint und sich auskennt mit dem, was ich tue. Und drittens ist er konsequent.»

«Konsequent?», echote der junge Mann.

«Ja, er lobt mich, wenn ich gute Leistungen bringe und eine Anerkennung verdient habe, und zwar auch dann, wenn es für ihn auf anderen Gebieten nicht gut läuft. Ich weiß dann, dass er Ärger hat mit anderen Dingen. Aber bei mir reagiert er nur auf das, was mich betrifft, und nicht auf das, was ihn zur Zeit belastet. Und das rechne ich ihm hoch an.»

«Kostet all dies Lob-Austeilen den Manager nicht sehr viel Zeit?», fragte der junge Mann.

«Ach nein. Sie müssen ja keine lange Lobeshymne absingen, wenn Sie jemandem bewusst machen wollen, dass Sie ihn und seine Leistung durchaus wahrnehmen. Und das dauert meist nicht mal eine ganze Minute.»

«Und darum wird es eben das 1-Minuten-Lob genannt», sagte der Besucher, während er sich aufschrieb, was er gerade dazugelernt hatte.

«Richtig», sagte Paul.

«Ist er denn nun immer darauf aus, Sie dabei zu erwischen, wenn Sie etwas gut machen?»

«Nein, natürlich nicht», antwortete Paul. «Nur wenn man hier gerade neu anfängt oder wenn man sich in ein neues Projekt oder Aufgabengebiet einarbeiten muss, verhält er sich so. Wenn Sie Ihre Sache im Griff haben, wissen Sie, dass er Vertrauen zu Ihnen hat, wenn Sie ihn später dann nicht mehr so oft sehen.»

«Tatsächlich? Ist das nicht enttäuschend nach all der Aufmerksamkeit, die man bekam?»

«Nein, weil ich und er dann auf andere Weise erfahren, wann meine Arbeitsleistung ‹lobenswert› ist. Beide können wir die Angaben in den Unterlagen studieren – die Verkaufsziffern, die Kostenentwicklung, die Terminpläne und so weiter.»

«Und nach einiger Zeit», fügte Paul hinzu, «fängt man dann selber an, sich bei guten Leistungen zu erwischen, und beginnt damit, sich auch selbst zu loben. Außerdem fragt man sich ständig, wann er wohl mal wieder ein Lob aussprechen wird, und das hält einen in Schwung, auch wenn er nicht da ist. Einfach nicht zu fassen, aber ich arbeite jetzt so hart wie noch in keiner Stellung zuvor. Es hat auch noch nie so viel Spaß gemacht.

Und ich sage Ihnen auch, warum. Ich weiß nämlich: Wenn ich ein Lob bekomme, habe ich es *verdient*. Ich habe erlebt, wie es das Selbstbewusstsein fördert, was sich als besonders wichtig erweist.»

«Warum halten Sie das für so wichtig?»

«Weil *verdientes* Lob Ihnen hilft, mit all den stattfindenden Veränderungen umzugehen. Man erwartet ja von uns, selbstbewusst genug zu sein, etwas Neues zu wagen, um weiterhin an der Spitze bleiben.»

«Gibt Ihnen Ihr Manager deshalb die Gelegenheit, selbst ein Problem zu lösen, statt sich an Ihrer Entscheidung zu beteiligen?»

«Ja, und außerdem spart es Managerzeit. Genauso verfahre ich mit meinem Team, damit auch sie kompetenter werden.»

«Allmählich erkenne ich hier ein Muster. Sie verknüpfen die 1-Minuten-Zielsetzungen mit Lob, um das Beste in den Mitarbeitern hervorzurufen.»

«Ganz genau.»

«Könnten Sie mir einen Augenblick Zeit gönnen, damit ich mir ein paar Notizen machen kann, wie man das 1-Minuten-Lob einsetzt?»

«Selbstverständlich», sagte Paul.

Der junge Mann notierte:

Ein 1-Minuten-Lob funktioniert gut, wenn man

1. die Mitarbeiter so bald wie möglich lobt.

2. sie wissen lässt, was sie richtig gemacht haben – und dabei konkret ist.

3. ihnen sagt, wie gut man findet, was sie richtig gemacht haben, und wie nützlich es ist.

4. für einen Augenblick innehält, damit die Mitarbeiter genügend Zeit haben, um selbst ein gutes Gefühl für ihre Arbeit zu bekommen.

5. sie ermutigt, so weiterzumachen.

6. deutlich macht, dass man Vertrauen zu ihnen hat und ihren Erfolg unterstützt.

«Wenn also 1-Minuten-Zielsetzungen und Lob das erste und zweite Geheimnis sind, würde ich gern wissen, wie das dritte Geheimnis lautet.»

Paul erhob sich. «Warum stellen Sie diese Frage nicht Jon Levy? Wie ich hörte, wollen Sie doch heute sowieso noch mit ihm sprechen.»

«Ja, das will ich», gab der junge Mann zu. «Dann bedanke ich mich sehr bei Ihnen, dass Sie mir Ihre Zeit geopfert haben.»

«Gern geschehen», versicherte Paul. «Zeit ist etwas, was ich reichlich zur Verfügung habe – ich bin ja selber jetzt ein Minuten-Manager.»

Der Besucher lächelte. Irgendwo hatte er das schon einmal gehört.

Er verließ das Gebäude und ging ein bißchen im Grünen spazieren, um über seine Erlebnisse nachzudenken.

Wieder war er ganz fasziniert davon, wie einfach und vernünftig das war, was er gehört hatte. *«Es gibt überhaupt keinen Zweifel an der Wirksamkeit der Methode, die Menschen dabei zu erwischen, wie sie eine Sache gut machen»*, dachte der junge Mann. *Würde nicht jeder gern diese Erfahrung machen wollen?*

Aber ob so ein 1-Minuten-Lob tatsächlich etwas bringt?, fragte er sich. *Bringt denn dieses ganze Gerede über Minuten-Management wirklich etwas ein – unterm Strich?*

Während er so vor sich hin spazierte, wurde seine Neugier immer größer, mehr über die Betriebsergebnisse in Zahlen zu erfahren. Daher ging er noch einmal zu der Sekretärin des Minuten-Managers und bat sie, seinen Termin mit Jon Levy auf morgen Vormittag zu verschieben. Lieber wolle er vor seinem Gespräch mit Jon mit jemandem reden, der ihm Informationen über die verschiedenen Abteilungen des Unternehmens geben könne, erklärte er.

«Morgen Vormittag passt es Jon gut», sagte Courtney, als sie den Hörer auflegte.

Dann telefonierte sie mit jemandem in der Innenstadt, um den neuen Termin zu arrangieren, um den er gebeten hatte. Er würde sich mit Liz Aquino treffen. «Ich bin sicher, Sie finden dort alles, was Sie suchen», sagte Courtney.

Er bedankte sich bei ihr, ging über die Straße, um etwas zu essen und um sich auf das nächste Gespräch vorzubereiten.

Nach der Lunchpause fuhr der junge Mann in die Innenstadt. Dort traf er sich mit Liz Aquino. Nach einer höflichen Auseinandersetzung der Gründe seines Besuches kam der junge Mann kam gleich zur Sache und fragte: «Können Sie mir bitte sagen, welcher Betrieb der leistungsstärkste und erfolgreichste im ganzen Unternehmen ist?»

Im nächsten Augenblick musste er lachen, als er von Liz zu hören bekam: «Da brauchen Sie nicht lange zu suchen: Es *ist* der des neuen Minuten-Managers. Sein Betrieb ist der effizienteste von all unseren Einrichtungen. Und das seit Jahren schon. Er passt sich jedem Wandel an. Das ist ein toller Mann, nicht wahr?»

«Ist ja unglaublich», sagte der junge Mann. «Hat er die besten Betriebsanlagen?»

«Nein», sagte Liz. «Teilweise uralte Sachen.»

«Da kann doch irgendetwas nicht stimmen», sagte der junge Mann, dem der Führungsstil des Managers immer noch ein Rätsel war. Gibt es bei ihm viel Personalfluktuation?»

«Ja, doch, könnte man sagen», antwortete Liz. «Es gibt bei ihm tatsächlich viel Fluktuation.»

«Aha», sagte der junge Mann und dachte, jetzt sei er fündig geworden.

Was machen die Leute, die vom Minuten-Manager weggehen?», wollte der junge Mann wissen.

«Wir geben ihnen einen eigenen Laden», erwiderte Liz ohne Zögern. «Er ist unser bester Ausbilder. Wenn wir eine Stelle zu besetzen haben und einen guten Manager brauchen, wenden wir uns regelmäßig an ihn. Er hat immer jemanden, der dafür geeignet ist.»

Staunend bedankte sich der junge Mann bei Liz, dass sie ihm ihre Zeit gewidmet hatte – doch diesmal bekam er eine andere Antwort.

«Ich war froh, dass ich Sie heute noch dazwischenschieben konnte», sagte sie. «Der Rest der Woche ist bei mir wirklich vollgepackt. Ich würde gern wissen, wie er es eigentlich immer schafft. Wie oft nehme ich mir vor, zu ihm zu gehen und mit ihm zu sprechen. Aber ich habe einfach nicht die Zeit dazu.»

Mit einem Lächeln sagte der junge Mann: «Ich schenke Ihnen die Geheimnisse, wenn ich sie selbst herausgefunden habe. Genau wie er sie jetzt mir schenkt.»

«Das wäre ein sehr wertvolles Geschenk», sagte Liz und lächelte auch. Sie schaute sich das Durcheinander in ihrem Büro an und sagte: «Ich kann wirklich jede Hilfe gebrauchen.»

Der junge Mann verließ Liz' Büro und trat kopfschüttelnd auf die Straße. Der Manager war für ihn nun noch viel aufregender geworden.

In der folgenden Nacht hatte der junge Mann einen sehr unruhigen Schlaf. Er wartete gespannt auf den nächsten Tag. Dann würde er das dritte Geheimnis erfahren.

Am nächsten Morgen erschien er Punkt neun Uhr in Jon Levys Büro. Wie gewohnt, bekam er zu hören: «Ein toller Mann, finden Sie nicht auch?» Und mittlerweile war der junge Mann schon so weit, dass er mit Überzeugung antworten konnte: «Ja, das ist er wirklich!»

Jon sagte: «Er ist einfach unglaublich. Er ist schon so viele Jahre dabei, aber er ist immer mit der Zeit gegangen. Er ist für alles Neue aufgeschlossen. Er hat sich weiterentwickelt und ist schlauer als je zuvor.

Es ist höchst bemerkenswert, wie er auf uns reagiert, wenn wir etwas falsch gemacht haben.»

«Wenn Sie etwas falsch gemacht haben? Ich dachte, ein wichtiger Leitspruch hier sei *Leute erwischen, wenn sie etwas richtig gemacht haben*.»

«Das stimmt auch», sagte Jon, «aber ...

... Sie müssen wissen, ich arbeite hier schon seit etlichen Jahren. Ich kenne den Betrieb in- und auswendig. Die Folge ist: Der Minuten-Manager braucht mir nicht mehr viel von seiner Zeit mit Zielfestlegung oder Lob zu widmen. Das sieht meistens so aus, dass ich meine Ziele schriftlich darstelle und ihm dann zuschicke.»

«Jedes Ziel einzeln auf einem Blatt für sich?», fragte der junge Mann.

«Genau, nicht länger als ein oder zwei Absätze, sodass man ihn in höchstens einer Minute gelesen haben kann.

Ich liebe meine Arbeit und mache sie gut. In den meisten Fällen spreche ich mir das fällige 1-Minuten-Lob selber zu. Denn wenn ich mich selber nicht gut finde, wer denn sonst?» Dann fügte er hinzu: «Aber ich finde auch *andere* gut.»

«Und der Manager lobt Sie überhaupt nicht?», fragte er.

«Gelegentlich schon, aber er kommt nicht sehr oft dazu, weil ich schneller bin. Wenn mir eine Sache wirklich gut gelingt, kommt es sogar vor, dass ich den Minuten-Manager selber um ein Lob bitte.»

«Was? Und woher nehmen Sie den Mut dazu?», fragte der junge Mann.

«Das ist wie bei einer Wette, die ich nicht verlieren, sondern nur gewinnen kann: Bekomme ich von ihm die Anerkennung, habe ich gewonnen. Und wenn nicht, dann verliere ich auch nichts. Ich hatte ja auch nichts, bevor ich darum bat.»

Der junge Mann musste lächeln. «Der Gedanke gefällt mir.

Aber was passiert, wenn etwas schiefgeht?»

«Nun ja, jeder macht mal Fehler. Wenn ich einen gravierenden Fehler mache, dann bekomme ich unweigerlich eine 1-Minuten-Neuausrichtung dafür.»

«Eine was?» fragte der junge Mann.

«Eine 1-Minuten-Neuausrichtung, Das ist die moderne Version des wichtigen dritten Geheimnisses.

Mitarbeiter zu loben, funktioniert nicht immer. Das Lob muss schon mit Kritik einhergehen, damit Fehler korrigiert werden können, wenn sie auftauchen.

Natürlich finde ich es nicht jedes Mal toll, wenn mich jemand auf meine Fehler hinweist, aber eine konstruktive Kritik kann mich wieder auf Vordermann bringen, sodass ich meine Ziele erreiche. Und das sichert meinen Erfolg und den des Betriebs.

Aber als wir noch ein von oben nach unten geführtes Unternehmen waren, wurde dieses dritte Geheimnis die 1-Minuten-Kritik genannt. Für damalige Verhältnisse war das erstaunlich wirksam. Aber der Minuten-Manager hat es weiterentwickelt, als sich die Zeiten änderten.»

«Weiterentwickelt?»

«Ja. Heute müssen wir mit weniger Ressourcen mehr Dinge *schneller* erledigen. Außerdem suchen die Mitarbeiter Selbstverwirklichung in ihrer Arbeit.

Inzwischen muss jeder wieder zum Anfänger werden, weil sich alles so rasch verändert. Selbst wenn ich heute noch ein Experte bin, kann mein Fachgebiet morgen schon nicht mehr gefragt sein. Eine 1-Minuten-Neuausrichtung hilft mir beim Lernen, weil sie mich lehrt, was ich noch brauche, um meine Arbeit anders zu machen.»

«Und wie funktioniert das?», fragte der Besucher.

«Es ist ganz einfach», sagte Jon.

«Ich dachte mir schon, dass Sie das sagen würden.»

Jon lachte und fuhr fort: «Wenn Sie einen Fehler machen, kann mein Manager sehr schnell reagieren.»

«Was macht er dann?»

«Zuerst vergewissert er sich, ob er das Ziel deutlich genug formuliert hatte. Sollte dies nicht der Fall sein, übernimmt er die Verantwortung dafür und definiert das Ziel präziser.

Dann gibt er mir eine 1-Minuten-Neuausrichtung in zwei Teilen. In der ersten Hälfte konzentriert er sich auf meinen Fehler. In der zweiten Hälfte konzentriert er sich auf mich.»

«Wann macht er das?»

«Sobald er den Fehler bemerkt. Gemeinsam überprüfen wir die Fakten und besprechen, was schiefgelaufen ist. Dabei ist er sehr genau.

Dann sagt er mir, wie ihm zumute ist, was den Fehler und seine mögliche Auswirkung auf unsere Ergebnisse betrifft. Manchmal mit unzweideutigen Worten.

Nachdem er mir gesagt hat, wie er sich dabei fühlt, ist er ein paar Sekunden lang still, um seine Worte wirken zu lassen. Diese kurze Pause erweist sich als erstaunlich wichtig.»

«Warum?»

«Weil ein stiller Moment mir Zeit lässt, mich von meinem Fehler berühren zu lassen und über die Auswirkungen auf mich und den Betrieb nachzudenken.»

«Wie lange schweigt er?»

«Nur ein paar Sekunden lang, aber manchmal kommt es einem viel länger vor, zumal dann, wenn man auf der Empfängerseite ist.»

Jon fuhr fort: «Im zweiten Teil der Neuausrichtung erinnert er mich daran, dass ich besser bin als beim Begehen des Fehlers, dass er an mich glaubt und Vertrauen zu mir hat. Er sagt, er erwarte nicht noch so einen Fehler von mir und freue sich, weiterhin mit mir zusammenzuarbeiten.»

«Das hört sich für mich so an, als bringe die Neuausrichtung Sie dazu, noch einmal gründlich zu analysieren, was Sie getan haben.»

Jon nickte: «So ist es.»

«Könnten Sie mir vielleicht mehr über die wichtigsten Aspekte der 1-Minuten-Neuausrichtung erzählen?»

«Natürlich. Er spricht präzise an, was falsch gelaufen ist. Ich sehe also, dass er genau informiert ist und nicht will, dass ich oder mein Team künftig für schlechte oder mittelmäßige Arbeit stehen.

Er beendet das Gespräch mit der Beteuerung, mich und mein Team zu schätzen. Dadurch wird es leichter für mich, nicht negativ zu reagieren und mich abwehrend zu verhalten. Ich versuche nicht, meinen Fehler von mir zu weisen, indem ich die Schuld auf andere schiebe.

Natürlich ist es beruhigend zu wissen, dass er die Verantwortung übernimmt, falls eine Zielsetzung nicht für jedermann deutlich genug formuliert wurde. Deshalb weiß ich, dass er fair ist.

Die Neuausrichtung dauert nur eine Minute, und wenn sie zu Ende ist, ist auch wirklich alles vorbei. Aber man vergisst sie nicht, und da sie hilfreich endet, möchte man auch wieder auf Kurs kommen.»

«Ich glaube, ich weiß, wovon Sie sprechen», sagte der junge Mann. «Ich fürchte, ich habe ihn gebeten ...»

«Ich hoffe», unterbrach ihn Jon, «Sie haben ihn nicht gebeten, eine Entscheidung für Sie zu treffen.»

Der junge Mann war verlegen. «Doch», gab er zu.

«Dann ahnen Sie ja vielleicht, wie man sich auf der Empfängerseite einer 1-Minuten-Neuausrichtung fühlt. Obwohl ich annehme, dass Sie als Besucher nur eine milde Form abbekommen haben.

Wir sind uns hier bewusst, dass neue Mitarbeiter, die mit der Firmenkultur noch nicht vertraut sind, aber eine Neuausrichtung brauchen, eine milde Version abbekommen sollten, damit sie nicht entmutigt werden. Unser Ziel ist es, Vertrauen zu den Menschen aufzubauen, damit sie uns helfen, bessere Ergebnisse zu erzielen.»

«Vielleicht war es ja eine milde Form», sagte der junge Mann, «aber ich glaube nicht, dass ich ihn jemals wieder fragen werde, eine Entscheidung für mich zu treffen.»

Dann fragte er: «Macht er überhaupt jemals einen Fehler? Er scheint mir fast zu perfekt zu sein.»

Jon lachte. «Natürlich macht er Fehler. Er ist auch nur ein Mensch. Allerdings ist er der Erste, der es zugibt.

Tatsächlich ermutigt er uns sogar, kein Blatt vor den Mund zu nehmen, falls wir bemerken sollten, dass er bei irgendeiner Sache daneben liegt. Es passiert nicht sehr oft, aber er sagt, das helfe ihm, in Zukunft einen Fehler zu vermeiden. Das ist einer der vielen Gründe, warum wir gern mit ihm zusammenarbeiten.»

Er kann manchmal schroff sein, aber er hat Sinn für Humor. Und das ist ein Vorteil.

So ist er zum Beispiel gut darin, mich bei einem Fehler zu erwischen, doch manchmal vergisst er, mir den zweiten Teil einer Neuausrichtung zu geben.»

«Der Teil, in dem er Sie als Person wohlwollend betrachtet?»

«Genau, und wenn er das vergisst, dann weise ich ihn darauf hin und mache mich über ihn lustig.»

«Tatsächlich?»

«Na ja, vielleicht brauche ich anfangs etwas Zeit, um zu verstehen, was ich falsch gemacht habe, und darüber nachzudenken, was ich anders machen muss.

Neulich erst rief ich ihn an, um ihm zu sagen, ich wüsste, dass ich unrecht hatte und dass mir der Fehler nicht mehr passieren würde. Dann lachte ich und sagte, ich würde jetzt gern den bestätigenden Teil der Neuausrichtung hören, den er vergessen habe, um mich besser zu fühlen.»

«Und was hat er getan?»

«Erst lachte er, dann entschuldigte er sich und sagte, es sei ihm wichtig zu sagen, dass er immer noch an mich glaube und mir vertraue. Als er auflegte, fühlte ich mich besser.»

«Das finde ich erstaunlich», sagte der junge Mann.

«Ja, wenn er seinen Humor behält, ist das für ihn und für alle Mitarbeiter in seiner Reichweite am besten. Er hat uns beigebracht, über uns zu lachen, wenn wir einen Fehler machen, und mit besserer Arbeit darüber hinwegzukommen.»

«Toll! Wie haben Sie das denn gelernt?»

«Indem wir *ihn* beobachtet haben.»

Der junge Mann begriff allmählich, welche Bereicherung ein solcher Manager sein konnte.

«Ich glaube, das dritte Geheimnis führt in diesem 1-Minuten-System ein Muster des Führens und Managens fort. Mit der Zielsetzung wird das Wichtigste deutlich, auf das man sich konzentrieren muss, mit dem Lob baut man Vertrauen auf, das einem zum Erfolg verhilft, während mit der Neuausrichtung Fehler angesprochen werden. Und alle drei tragen dazu bei, dass die Mitarbeiter ein besseres Selbstwertgefühl haben und gute Ergebnisse erzielen.

Warum funktioniert die Kombination von Zielsetzungen, Lob und Neuausrichtung so gut?»

«Ich denke, das sollten Sie den neuen Minuten-Manager fragen», sagte Jon, als er sich erhob und ihn zur Tür begleitete.

Der junge Mann dankte ihm, dass er sich so viel Zeit für ihn genommen hatte.

Jon lächelte. «Ich nehme an, Sie kennen bestimmt schon meine Antwort zum Thema Zeit.»

Beide lachten. Der junge Mann kam sich allmählich nicht mehr wie ein Besucher vor, sondern wie ein Insider. Und das war ein gutes Gefühl.

Sobald sie auf dem Korridor waren, wurde dem jungen Mann klar, wie viele Informationen Jon ihm in dieser kurzen Zeit des Gesprächs gegeben hatte.

Dann machte er sich Notizen, um sich daran zu erinnern, wie man eine 1-Minuten-Neuausrichtung einsetzt, wenn jemand einen Fehler gemacht hat.

Wenn die Zielsetzung klar ist, funktioniert eine 1-Minuten-Neuausrichtung gut, wenn Sie

in der ersten halben Minute ...

1. die Mitarbeiter so schnell wie möglich ansprechen.

2. zuerst die Fakten prüfen und dann den Fehler gemeinsam besprechen – konkret sein.

3. zum Ausdruck bringen, wie Sie sich angesichts des Fehlers und seiner Auswirkungen auf Ergebnisse fühlen.

in der Pause ...

4. für einen Moment schweigen, um dem Mitarbeiter zu ermöglichen, über das, was sie getan haben, betroffen zu sein.

in der zweiten halben Minute ...

5. daran denken, ihnen zu sagen, dass sie besser sind als der Fehler, den sie sich geleistet haben, und Sie ihnen wohlgesinnt sind.

6. sie erinnern, dass Sie an sie glauben, Vertrauen zu ihnen haben und ihnen helfen werden, erfolgreich zu sein.

7. einsehen, dass nach der Thematisierung die Angelegenheit auch erledigt ist.

Vielleicht hätte der junge Mann an der Effektivität der 1-Minuten-Neuausrichtung gezweifelt, wenn er nicht ihre Wirkung am eigenen Leibe erfahren hätte. Obwohl es eine milde Form gewesen war, wollte er sie kein zweites Mal erleben.

Er wusste jedoch, dass jeder hin und wieder einen Fehler macht. Und wenn er jemals für einen solchen Manager arbeiten sollte und einen Fehler machen würde, müsste er durchaus mit einer viel stärkeren Ansage rechnen. Aber das beunruhigte ihn nicht. Er wusste, der Manager würde fair sein.

Auf dem Weg zum Büro des Managers dachte er immer noch darüber nach, wie erstaunlich wirksam das 1-Minuten-Management war und dass es jetzt auch für eine schnell sich verändernde Welt verbessert worden war.

Alle drei Geheimnisse schienen sinnvoll zu sein – das 1-Minuten-Ziel, das 1-Minuten-Lob und die 1-Minuten-Neuausrichtung. *Aber warum funktionieren sie eigentlich?*, überlegte er.

Und warum ist der neue Minuten-Manager immer noch die produktivste Führungskraft der gesamten Unternehmensgruppe?

Als er zum Büro des Minuten-Managers zurückkehrte, sagte Courtney: «Er hat sich schon gefragt, wann Sie wohl wieder bei ihm auftauchen würden.»

Als der junge Mann das Arbeitszimmer betrat, fiel ihm wieder auf, wie klar und übersichtlich alles war. Der Manager begrüßte ihn mit einem freundlichen Lächeln: «Nun, was haben Sie auf Ihren Reisen entdeckt?»

«Eine Menge.»

«Dann erzählen Sie mir mal, was Sie entdeckt haben.»

«Ich habe herausgefunden, warum man Sie als den neuen Minuten-Manager bezeichnet. Gemeinsam mit Ihren Mitarbeitern formulieren Sie 1-Minuten-Ziele, damit sichergestellt ist, dass alle wissen, wofür sie die Verantwortung tragen und welche Leistungsanforderungen dabei erfüllt werden müssen.

Dann gehen Sie dazu über, sie dabei zu erwischen, wenn sie eine Sache gut gemacht haben, damit Sie ihnen ein 1-Minuten-Lob aussprechen können.

Und wenn Sie dann feststellen, dass Mitarbeiter einen Fehler gemacht haben, geben Sie ihnen eine 1-Minuten-Neuausrichtung.»

«Und was halten Sie von der ganzen Sache?»

«Ich bin erstaunt, wie wenig Zeit es beansprucht. Aber trotzdem scheint es zu funktionieren.»

Der junge Mann zögerte, sagte dann aber: «Ich hoffe, ich trete Ihnen mit meiner Frage nicht zu nahe, aber glauben Sie wirklich, dass Sie nur eine Minute benötigen, um all die Dinge zu erledigen, die Sie als Manager bewältigen müssen?»

Der Manager lachte. «Natürlich nicht. Aber es ist eine Möglichkeit, einen komplizierten Job organisierbarer zu machen. Man braucht häufig nur eine Minute, um sich neu auf Ziele zu konzentrieren und den Mitarbeitern ein wichtiges Feedback darüber zu geben, wie gut sie sich schlagen.

Der Einsatz der drei Geheimnisse macht annähernd wohl nur 20 Prozent unserer Aktivitäten aus, dennoch trägt er dazu bei, 80 Prozent der Ergebnisse zu erzielen, auf die wir hinarbeiten. Das ist das altbekannte 80/20-Gesetz.

Was haben Sie sonst noch herausgefunden?»

«Nun ja, den Angestellten macht es offenbar Spaß, hier zu arbeiten, und sie arbeiten ja auch mit Ihnen zusammen, um großartige Resultate zu erzielen. Ich bin überzeugt, dass Sie gut damit zurechtkommen.»

Der Manager versicherte ihm: «Und wenn Sie es selbst ausprobieren würden, ginge es *Ihnen* genauso.»

«Mag sein, aber ich glaube, ich würde mich viel eher darauf einlassen, wenn ich verstehen könnte, *warum* es funktioniert.»

«Natürlich. Das geht doch jedem so, junger Mann. Je besser wir verstehen, warum etwas funktioniert, desto geneigter sind wir, es auch *anzuwenden*.

Ich möchte Ihnen einen Merksatz zeigen, den ich hier auf meinem Computer habe.»

Der junge Mann wandte sich dem Bildschirm zu und las:

***Die Minute,
die ich meinen
Mitarbeitern widme,
ist gewinnbringend
angelegt.***

«Es ist komisch», sagte der Manager, «dass die meisten Firmen so viel Geld für die Gehälter ihrer Angestellten ausgeben und trotzdem nur einen Bruchteil ihres Etats für die Entwicklung ihrer Mitarbeiter aufwenden. Tatsache ist, dass bei weitem die meisten Firmen mehr Zeit und Geld in die Instandhaltung ihrer Gebäude und Maschinen investieren als in die Pflege und Weiterbildung ihrer Arbeitskräfte.»

«So habe ich das noch nie betrachtet», gab der junge Mann zu. «Doch wenn es die Menschen sind, die die Ergebnisse erzielen, dann ist es natürlich sehr sinnvoll, dass man auch in Menschen investieren muss.»

«Genau», sagte der Manager. «Ich wünschte, ich hätte schneller jemanden gehabt, der in mich investiert, als ich anfing zu arbeiten.»

«Was meinen Sie damit?», fragte der junge Mann.

«Nun, bei den meisten Firmen, wo ich früher gearbeitet habe, wusste ich häufig nicht, was von mir erwartet wurde. Niemand machte sich die Mühe, es mir zu sagen. Wenn Sie mich gefragt hätten, ob ich gute Arbeit leiste, hätte ich entweder antworten müssen: ‹Ich weiß es nicht› oder ‹Ich hoffe es›. Und wenn Sie mich gefragt hätten, warum, hätte ich antworten müssen ‹Mein Chef hat mich in letzter Zeit nicht angemeckert› oder ‹Wer schweigt, ist einverstanden›. Es war fast so, als ob es meine wichtigste Motivation wäre, Strafpunkte zu vermeiden.»

Der junge Mann sagte: «Ich kann jetzt verstehen, warum Sie Ihre Firma anders leiten. Aber ich frage mich immer noch, warum die drei Geheimnisse so effektiv sind.

Warum funktioniert zum Beispiel die 1-Minuten-Zielsetzung so gut?

«**Sie möchten also wissen**, warum das 1-Minuten-Ziel funktioniert?», sagte der Manager. «Gut.» Er stand auf und begann langsam im Zimmer auf und ab zu wandern.

«Ich will Ihnen ein Beispiel nennen, das die Sache vielleicht deutlicher macht. In den verschiedenen Firmen, in denen ich früher viele Jahre war, habe ich viele lustlose, unmotivierte Menschen arbeiten sehen. Aber ich habe noch nie einen unmotivierten Menschen nach der Arbeit gesehen. Jeder scheint motiviert zu sein, irgendetwas zu unternehmen.

An einem Abend zum Beispiel war ich beim Bowling und traf dort einige unserer ‹Problemfälle› aus meiner letzten Firma. Einer der schwierigsten Mitarbeiter, an den ich mich noch sehr gut erinnern konnte, nahm die Kugel, stellte sich an die Linie und warf die Kugel. Dann fing er an zu schreien und zu lachen und herumzuspringen. Was meinen Sie wohl, warum er so in Fahrt war?»

«Weil er einen *Strike* geworfen hatte.»

«Genau. Warum, glauben Sie, sind er und andere Leute bei der Arbeit nicht genauso begeistert?»

Der junge Mann dachte eine Weile nach. «Weil sie nicht wissen, wo die Kegel stehen. Ich verstehe. Wie lange würde ihm das Bowling Spaß machen, wenn keine Pins da wären?»

«Richtig», sagte der Minuten-Manager. «Ich glaube, viele Manager gehen von der falschen Voraussetzung aus, dass die Leute in ihrem Team wissen, worauf sie zielen.

Wenn Sie voraussetzen, dass die Leute wissen, was von ihnen erwartet wird, erfinden Sie damit eine unergiebige Form von Bowling. Sie stellen die Pins auf, doch wenn der Spieler die Kugel ansetzt, merkt er, dass sich vor den Pins eine Sichtblende befindet. Die Kugel rollt also, geht unter der Blende durch, man hört es kullern, man weiß aber nicht, wie viele Pins gefallen sind. Wenn Sie den Spieler danach fragen, wie er abgeschnitten hat, wird er antworten: ‹Ich weiß nicht. Aber ich hatte ein gutes Gefühl dabei.›

Es ist so, als wollte man bei Dunkelheit Golf spielen. Viele meiner Freunde haben mit dem Golfspielen aufgehört. Als ich sie fragte warum, sagten sie: ‹Die Plätze sind überfüllt.›

Als ich ihnen vorschlug, doch nachts zu spielen, lachten sie, denn wer will schon Golf spielen, wenn man die Löcher nicht sehen kann?

Dasselbe beim Mannschaftssport. Wie viele Menschen würden wohl stundenlang zwei Mannschaften zugucken, wenn es keine Möglichkeit gäbe, Punkte zu machen?»

«Klar! Aber warum ist das so?», fragte der junge Mann.

«Das kommt alles daher, dass nichts die Menschen so stark motiviert wie das Feedback über Ergebnisse. Sie wollen wissen, wie es steht.

Wir haben hier bei uns noch einen anderen Satz, den man sich merken kann: *Feedback ist das Frühstück für Champions.* Feedback hält uns auf Trab.

Leider, leider denken sich die meisten Manager noch eine dritte Art von Bowling aus, wenn sie entdecken, dass Feedback die stärkste Motivation ist.

Wenn der Spieler sich zum Wurf fertig macht, sind die Pins immer noch aufgestellt, und auch die Sichtblende ist an ihrem Platz. Doch etwas ist jetzt anders als vorher – hinter der Sichtblende steht ein Kontrolleur. Wenn der Spieler die Kugel rollt, hört er das Fallen der Pins, und dann hält der Kontrolleur zwei Finger hoch, um anzuzeigen, dass man zwei getroffen hat. Aber sagen einem die meisten Manager denn tatsächlich, dass man zwei getroffen hat?»

«Nein», sagte der junge Mann lächelnd. «Meistens sagen sie, man hat acht verhauen.»

«Da haben wir's! Ich habe mich immer gefragt: Warum nimmt der Manager die Blende nicht weg, sodass auch seine Mitarbeiter die Pins sehen können? Warum eigentlich nicht? Weil er der großen Business-Tradition verpflichtet ist – der Leistungsbeurteilung.»

«Weil er der Leistungsbeurteilung verpflichtet ist?», wunderte sich der junge Mann.

«Wie kommt es dann», fragte der Manager, «dass die meisten Leute nicht wissen, was man von ihnen erwartet, bis die Leistungsbeurteilung ansteht und sie dann all die Dinge erfahren, die sie falsch gemacht haben?

Wie fühlt sich denn ein Mitarbeiter, wenn ihm gesagt wird, er werde keinen Bonus bekommen oder nicht befördert werden? Wie lange wird es dauern, bis er sich wünscht, anderswo zu arbeiten?»

«Ich kenne die Antwort: eine Minute!», scherzte der junge Mann.

Der Manager lachte.

«Was glauben Sie, warum Manager ihren Mitarbeitern so etwas zumuten?»

«Damit sie gut aussehen können», sagte der Manager.

«Wie meinen Sie das?»

«Was glauben Sie, was Ihr Chef von Ihnen denken würde, wenn Sie jedem Ihrer Mitarbeiter immer nur 1-A-Zeugnisse ausstellen würden?»

«Er würde denken, ich bin viel zu milde und kann eine gute Leistung nicht von einer schlechten unterscheiden.»

«Ganz genau», sagte der Manager. «Um als ein richtiger Manager angesehen zu werden, muss man in den meisten Firmen ein paar von seinen Leuten bei Fehlern erwischen. Man braucht immer ein paar Könner und ein paar Versager und die anderen irgendwo dazwischen.

Als ich einmal die Schule meines Sohnes besuchte, durfte ich bei einer Klassenarbeit zuschauen. Als ich die Lehrerin fragte, wieso die Kinder keinen Atlas benutzen dürfen, antwortete sie: ‹Das geht nicht, dann würden ja alle die Aufgaben richtig lösen.› Als ob es etwas Schlechtes wäre, wenn alle gut abschneiden würden.

Nicht jedem wird es gelingen, eine gute Leistung zu bringen, wenn er die zugänglichen Ressourcen nutzt, sodass nicht automatisch eine Bestnote dabei herauskommt, aber warum stellt man die Quellen nicht zur Verfügung, sodass jeder die Chance hat, ein Könner zu sein?»

Ich habe mal irgendwo gelesen, dass Einstein, als ihn jemand nach seiner Telefonnummer fragte, zum Telefonbuch griff, um sie nachzuschlagen», sagte der Manager.

Der junge Mann lachte. «Das meinen Sie doch nicht im Ernst.»

«Doch, ganz ernsthaft. Einstein sagte, dass er sein Gehirn nie mit Sachen vollstopfe, die er irgendwo nachschlagen könne.

Wenn Sie nun aber über diese Dinge nie nachgedacht hätten», fuhr der Manager fort, «was würden Sie dann wohl von jemandem halten, der seine eigene Telefonnummer im Telefonbuch nachschlägt? Wäre das in Ihren Augen ein Könner oder ein Versager?»

Der junge Mann grinste und sagte: «Wahrscheinlich ein Versager.»

«Klar», erwiderte der Manager. «Ich würde ihn auch so sehen. Aber wir hätten uns bei Einstein beide geirrt, nicht wahr?»

Der junge Mann nickte zustimmend.

«Wir alle machen leicht diesen Fehler», sagte der Manager. Dann zeigte er seinem Besucher wieder etwas auf seinem Bildschirm. «Lesen Sie mal!»

*Jeder Mensch
ist ein potenzieller Könner.*

*Manche Menschen sehen aus
wie Versager.*

*Lass dich
durch ihr Aussehen
nicht täuschen!*

«Sie sehen also», sagte der Manager, «Sie haben als Manager drei Möglichkeiten. Erstens, Sie stellen Könner ein. Die sind schwer zu finden und kosten viel Geld. Zweitens, wenn Sie keinen Könner finden, können Sie jemanden einstellen, der die Anlagen zu einem Könner hat. Dann müssen Sie den Betreffenden systematisch zu einem Könner ausbilden.

Wenn Sie sich für keine von beiden Möglichkeiten entscheiden (und ich bin immer wieder erstaunt, wie viele Manager nicht das Geld ausgeben wollen für einen Könner und auch nicht die Zeit investieren wollen, um einen Könner heranzuziehen), dann bleibt nur noch die dritte Möglichkeit – beten.»

Der junge Mann zuckte zusammen. «Beten?»

Der Manager lachte. «Kleiner Scherz. Doch überlegen Sie mal, wie viele Manager tatsächlich jeden Tag beten: ‹Ich hoffe, der macht sich.›»

«Ach so, jetzt verstehe ich!», lachte der junge Mann. «Nehmen wir mal die erste Möglichkeit. Wenn man sich einen Könner holt, ist es natürlich keine Kunst, ein Minuten-Manager zu sein, finde ich.»

«Ohne Frage», sagte der Manager mit einem Lächeln. «Mit einem Könner brauchen Sie nur die Minuten-Ziele festzulegen, alles andere kann er von selbst.»

«Jon Levy habe ich so verstanden, dass Sie bei ihm manchmal sogar darauf verzichten.»

«Das stimmt», sagte der Manager. «Er hat in seinem kleinen Finger mehr Verstand als andere in der ganzen Hand. Doch für jeden – für den Könner wie für den potenziellen Könner – ist die 1-Minuten-Zielfestlegung die entscheidende Voraussetzung für produktives Verhalten.»

«Stimmt es, dass – egal, wer die 1-Minuten-Zielfestlegung veranlasst hat – jedes Ziel auf einem Blatt für sich beschrieben werden muss?»

«Stimmt absolut», bestätigte der Minuten-Manager.

«Warum ist das so wichtig?»

«Damit sich die Mitarbeiter ihre Ziele häufig vor Augen führen und den Stand ihrer Leistungen an den festgelegten Zielen messen können.»

«Ich habe gehört, dass Sie nur die wichtigsten Ziele und Aufgabenbereiche und nicht jeden beliebigen Arbeitsvorgang schriftlich festhalten lassen», sagte der junge Mann.

«Ja. Ich will nicht, dass hier Unmengen von Zetteln in Aktenordnern verstauben und nur einmal im Jahr, wenn das Programm fürs nächste Jahr oder eine Leistungsbewertung ansteht, durchgesehen werden.

Vielleicht haben Sie bemerkt, dass jeder, der hier bei uns arbeitet, ein Schild mit einem Spruch an seinem Arbeitsplatz hat. Etwa so eines.» Er zeigte seinem Besucher eine Karte mit dem Slogan:

Nimm dir eine Minute Zeit, um dir deine Ziele anzuschauen.

Dann sieh dir deine Leistung an.

Schau, ob dein Verhalten deinen Zielen entspricht.

Der junge Mann war erstaunt über diese schlichten, aber beeindruckenden Worte.

«Können Sie mir eine solche Karte mitgeben?»

«Natürlich», sagte der Manager. «Ich werde dafür sorgen.»

Während er sich noch Notizen über das eben Gehörte aufschrieb, sagte der angehende Manager: «Wissen Sie, es ist schwierig, in so kurzer Zeit alles zu lernen, was man über das Minuten-Management wissen muss.

Es gibt noch sehr viel mehr, was ich zum Beispiel über die 1-Minuten-Ziele erfahren möchte, aber könnten wir jetzt zum 1-Minuten-Lob überwechseln?»

«Natürlich. Sie fragen sich wahrscheinlich, warum auch das funktioniert.»

«Nun, ich glaube, jeder möchte gern gelobt werden, aber kommt es den Leuten nach einer Weile nicht so vor, als seien diese Belobigungen nur vorgetäuscht?»

«Das kommt darauf an, ob das Lob verdient und aufrichtig gemeint ist», erwiderte der Manager.

«**Wir wollen uns** ein paar Beispiele ansehen. Vielleicht wird Ihnen dann klarer, warum das 1-Minuten-Lob so gut funktioniert.»

«Gern», sagte der junge Mann.

«Ein Beispiel ist die Hilfe, die Eltern ihren Kindern angedeihen lassen, wenn sie laufen lernen. Können Sie sich vorstellen, dass man ein Kind auf die Füße stellt und sagt ‹Geh!›, und wenn es umfällt, hebt man es auf, gibt ihm ordentlich Haue und sagt: ‹Ich hab dir gesagt, du sollst gehen.›

So bestimmt nicht. Sie stellen das Kind frei auf die eigenen Beinchen, und am ersten Tag wackelt es noch ganz schön hin und her, und Sie werden ganz aufgeregt und schreien: ‹Es kann stehen, es kann stehen!›. Und dann umarmen und küssen Sie das Kind. Am nächsten Tag steht das Baby schon etwas länger und macht vielleicht sogar einen wackeligen Schritt. Und dann gibt es wieder ganz viele Küsschen und Umarmungen von Ihnen.

Schließlich findet das Kind Gefallen an dieser Sache, setzt seine wackeligen Beinchen immer öfter, bis es irgendwann gehen kann.

Genauso geht es, wenn man einem Kind das Sprechen beibringt. Angenommen, Sie möchten, dass das Kind sagt: ‹Bitte, gib mir ein Glas Wasser.› Falls Sie warten würden, bis das Kind den vollständigen Satz sagt, bevor sie ihm ein Glas Wasser geben, würde es sicher verdursten.

Daher beginnen Sie mit dem Wort ‹Wasser›. Eines Tages sagt das Kind plötzlich ‹Wattah!› Sie springen vor Freude auf, umarmen und küssen das Kind, rufen die Großmutter an, damit sie auch hören kann, wie das Kind ‹Wattah, Wattah› sagt. Es war zwar noch nicht ganz ‹Wasser›, aber schon fast.

Nun wollen Sie aber nicht, dass Ihr Kind, wenn es 21 ist, in einem Restaurant um ein Glas ‹Wattah› bittet. Also lassen Sie nach einer Weile nur noch das Wort ‹Wasser› gelten und konzentrieren sich dann auf das ‹Bitte›.

Diese Beispiele beweisen: Will man jemanden zum Könner erziehen, muss man ihn unbedingt dabei erwischen, wenn er etwas gut macht. Am Anfang genügt schon eine *annähernd* gute Leistung, und allmählich bringt man sie auf das gewünschte Niveau.»

«Also ist es am Anfang entscheidend», sagte der junge Mann, «jemanden dabei zu erwischen, wie er etwas annähernd richtig macht, bis derjenige es schließlich vollständig beherrscht.»

«Sie haben es erfasst», sagte der Manager. «Mit einer ganzen Reihe von Zielsetzungen errichtet man das große Ziel dahinter leichter.

Bei der Arbeit und auch im Privatleben braucht man Könner nicht sehr häufig bei einer guten Leistung zu erwischen, denn sie erwischen *sich selbst* bei guten Leistungen und sind in der Lage, sich ihre Selbstbestätigung allein zu geben. Aber Berufsanfänger, die noch lernen, profitieren von Lobesbekundungen und Ermutigungen anderer.»

«Ist das der Grund, weshalb Sie neue Mitarbeiter in der ersten Zeit viel beobachten», fragte der junge Mann, «oder erfahrene Mitarbeiter, die ein neues Projekt beginnen?»

«Ja. Die meisten Führungskräfte warten mit dem Loben, bis ihre Mitarbeiter etwas genau richtig gemacht haben. Als Folge davon erreichen viele Menschen nie ihre Höchstleistung, weil ihre Chefs sich darauf konzentrieren, sie bei Fehlern zu ertappen – und das umfasst alles, was dem vorgeschriebenen Leistungsniveau nicht vollständig entspricht.

«Das hört sich nicht sehr erfolgversprechend an», meinte der junge Mann.

«Ist es auch nicht», stimmte der Minuten-Manager zu.

«Leider praktizieren wir das nur allzu häufig mit neuen, noch unerfahrenen Mitarbeitern. Wir heißen sie bei uns willkommen, führen sie herum und machen sie mit ihren Kollegen bekannt – und dann lassen wir sie allein. Wir versäumen nicht nur, sie bei einer einigermaßen guten Arbeit zu erwischen, sondern ziehen ihnen auch noch regelmäßig eins über, nur damit sie in Bewegung bleiben.

Das ist der bei weitem verbreitetste Führungsstil. Wir nennen das ‹Erst allein lassen – dann bestrafen›. Man überlässt die Mitarbeiter sich selbst, erwartet gute Leistungen von ihnen, und wenn das nicht klappt, staucht man sie zusammen.»

«Wie wirkt sich das auf die Mitarbeiter aus?», fragte der junge Mann.

«Wenn Sie auch nur einen einzigen Betrieb kennen, und ich habe Sie so verstanden, dass Sie sich mehrere angesehen haben, dann wissen Sie es, denn Sie sind diesen Menschen begegnet. Sie tun so wenig wie möglich.»

Der junge Mann lachte. «Da haben Sie recht. Ich habe es selbst erlebt.» Dann fügte er hinzu: «Wenn man mit solchen Führungskräfte zusammenarbeitet, kann man verstehen, warum die Leute keine Freude an ihrer Arbeit haben.»

Der Manager stimmte ihm zu. «Sie sagen es. Außerdem engagieren sie sich nicht für ihre Aufgaben und sind nicht allzu sehr daran interessiert, gute Arbeit abzuliefern.»

Der junge Mann erwiderte: «Allmählich verstehe ich, warum das 1-Minuten-Lob so gut zu funktionieren scheint. Es ist auf jeden Fall besser, als sich nur auf das zu konzentrieren, was nicht geklappt hat.»

Dann fügte er hinzu: «Das erinnert mich an Freunde von mir. Sie riefen mich an, um mir zu sagen, dass sie sich einen Hund angeschafft hatten. Sie wollten wissen, was ich zu ihrer Hundeerziehung meine, die sie sich vorgenommen hatten.»

Die nächste Frage hätte der Manager am liebsten gar nicht gestellt: «Und wie wollten sie vorgehen?»

«Sie sagten, wenn der Hund auf den Teppich macht, wollten sie ihn mit der Nase draufstoßen, mit einer zusammengerollten Zeitung verhauen und ihn dann durch das Küchenfenster auf den Hof werfen; da soll er sein Geschäft machen, und nur da.»

Der Manager lachte.

«Als sie dann fragten, wie sich meiner Meinung nach diese Methode auswirken würde, musste ich lachen, denn das wusste ich genau – und so kam es dann auch.

Nach drei Tagen machte der Hund immer noch auf den Teppich und sprang danach aus dem Fenster. Der Hund wusste nicht, was er tun sollte, aber er hatte wohl begriffen, dass er sich schnellstens aus dem Staub machen sollte.»

Der Manager lachte aus vollem Herzen.

«Das ist eine herrliche Geschichte», sagte er. «Statt unerfahrene Mitarbeiter, die noch lernen, zu bestrafen, sollte man sie wieder auf die richtige Spur bringen, die 1-Minuten-Zielfestlegung wiederholen und sichergehen, dass sie erstens begreifen, was von ihnen erwartet wird, und sich zweitens vorstellen können, wie eine gute Leistung in diesem Zusammenhang aussieht.»

«Und wenn Sie das getan haben», fragte der junge Mann, «versuchen Sie dann wieder, sie bei einer einigermaßen guten Arbeit zu erwischen?»

«Ganz genau», bejahte der Minuten-Manager. «Am Anfang muss man immer versuchen, Situationen herzustellen, die ein 1-Minuten-Lob rechtfertigen.»

Dann sagte der Manager und sah dabei dem jungen Mann direkt in die Augen: «Sie sind ein begeisterungsfähiger und aufnahmebereiter Zuhörer. Daher macht es mir Freude, Sie in die Geheimnisse des Minuten-Managements einzuweihen.»

Beide lächelten. Ein 1-Minuten-Lob konnten sie auf Anhieb erkennen.

«Mir gefällt ein Lob wesentlich besser als ein Tadel», lachte der junge Mann. «Ich glaube, ich verstehe jetzt, warum 1-Minuten-Ziel und 1-Minuten-Lob so gut funktionieren. Beides ist in der Tat sehr einleuchtend für mich.

Aber ich kann mir immer noch nicht vorstellen, warum die 1-Minuten-Neuausrichtung funktioniert.»

«**Es gibt mehrere Gründe** für die Wirksamkeit der 1-Minuten-Neuausrichtung», erklärte der Manager.

«Zunächst einmal wird das Feedback in kleinen Dosierungen verteilt, weil man den Fehler ja schon sehr früh bemerkt.

Viele Manager stauen ihr Feedback auf. Das heißt, sie sammeln ihre Beobachtungen von ungenügender Arbeit, bis sie frustriert sind. Wenn dann die Leistungsbewertung ansteht, sind diese Manager ganz allgemein schlecht gelaunt, weil sich bei ihnen so viel aufgestaut hat.

Und dann werfen sie ihren Mitarbeitern alles an den Kopf, was sie in den letzten Wochen oder Monaten falsch gemacht haben.

Es ist Mitarbeitern gegenüber nicht fair, über längere Zeit hinweg wegen unzulänglicher Arbeit negative Stimmungen zu hegen. Außerdem ist es nicht effektiv.

Der junge Mann seufzte und sagte: «Wie wahr. Und das passiert manchmal auch im Privatleben.»

«Ja, manche Eltern und Ehepartner verhalten sich genauso und ernten dann dieselben armseligen Ergebnisse.»

«Meistens endet es damit, dass Manager und Mitarbeiter sich über die Fakten streiten, oder es herrscht feindseliges Schweigen. Häufig verhält sich die Person, die das Feedback erhält, abwehrend. Sie nimmt nicht zur Kenntnis, was sie falsch gemacht hat.

Das ist eine Form der Zurechtweisung nach dem Motto ‹Erst allein lassen – dann bestrafen›.

Wenn die Manager nur früher eingreifen würden, könnten sie sich immer mit je einem Verhalten zur Zeit befassen, und die Person würde nicht am Boden zerstört. Sie könnte das Feedback so hören, wie es beabsichtigt war. Aus diesem Grunde sollte, finde ich, Leistungsbewertung ein ständiger Prozess sein, nicht etwas, was man nur einmal im Jahr veranstaltet.»

«Sind das also die Gründe, warum die Neuausrichtung funktioniert? Weil der Manager fair und eindeutig auf ein Verhalten nach dem anderen reagiert, sodass der Mitarbeiter, der das Feedback erhält, es hören kann?»

«Ja, so ist es. Sie möchten das Fehlverhalten vermeiden, aber den guten Kern im Menschen bewahren. Also greifen sie nicht die Person an, nur weil sie einen Fehler gemacht hat.»

«Ist es Ihnen deshalb so wichtig, die Mitarbeiter in der zweiten Hälfte der Neuausrichtung zu loben?»

«Ganz genau. Es sollte nicht das Ziel sein, die Leute herunterzuputzen, sondern sie aufzubauen.

Wenn unser Bild von uns selbst in Frage gestellt wird, haben wir das Bedürfnis, uns und unsere Taten zu verteidigen, selbst wenn es dabei zu einer Verzerrung der Tatsachen kommt. Jemand, der sich abwehrend verhält, kann nicht lernen.

Man trennt demnach ihr Verhalten von ihrem Wert. Wenn Sie sie nach dem Ansprechen auf den Fehler wieder ermuntern, konzentrieren Sie sich auf ihr Verhalten, ohne sie persönlich anzugreifen.

Wenn Sie fortgehen, möchten Sie erreicht haben, dass die Person sich ihres Verhaltens bewusst ist und darüber nachdenkt, statt sich an einen Kollegen zu wenden und darüber zu sprechen, wie schlecht sie behandelt wurde oder was sie von Ihrem Führungsstil hält.

Sonst übernimmt die Person keine Verantwortung für den Fehler, und der Manager wird zum Schurken.»

«Warum geben Sie nicht zuerst das Lob und dann die Neuausrichtung?», schlug der junge Mann vor.

«Aus irgendeinem Grund funktioniert das nicht. Jetzt fällt mir ein, dass einige Leute mich als ‹freundlich, aber hart› bezeichnen. Doch genau genommen bin ich eher ‹hart, aber freundlich›.»

«Hart, aber freundlich?», sprach der junge Mann nach.

«Ja. in genau dieser Reihenfolge. Das entspricht einer alten Philosophie, die buchstäblich Tausende von Jahren gute Dienste geleistet hat. Eine Erzählung aus dem alten China berichtet darüber.

Es war einmal ein Kaiser, der einen Stellvertreter ernannte. Er gab ihm die Bezeichnung Premierminister und sagte Folgendes zu ihm: ‹Lass uns die Aufgaben teilen. Du erledigst alles Strafen, und ich übernehme alles Belohnen.› ‹Gut!›, sagte der Premierminister: ‹Ich erledige alles Strafen, und du übernimmst alles Belohnen.›»

«Ich glaube, diese Geschichte wird mir gefallen», sagte der junge Mann.

«Ganz bestimmt», erwiderte der Minuten-Manager mit einem wissenden Lächeln.

«Nun merkte dieser Kaiser sehr bald», fuhr der Manager fort, «dass, wann immer er jemandem etwas befahl, sein Befehl entweder ausgeführt wurde oder auch nicht. Sprach jedoch der Premierminister, kam sofort Bewegung in die Leute.

Der Kaiser rief den Premierminister also wieder zu sich und sagte: ‹Lass uns die Aufgaben neu verteilen. Du hast nun schon lange das Strafen erledigt. Lass mich jetzt das Strafen übernehmen, und du erledigst das Belohnen.› Also tauschten der Premierminister und der Kaiser ihre Rollen.

Und es dauerte keinen Monat, da kam es zu einer Revolte. Der Kaiser war ein netter Mensch gewesen, zu jedem freundlich und großzügig; dann begann er, die Menschen zu strafen. Die Leute sagten: ‹Was ist bloß in den alten Narren gefahren?› und jagten ihn kurzerhand davon.

Als sie nach einem Ersatz für ihn suchten, sagten sie: ‹Wisst ihr, wer sich wirklich gut herausgemacht hat – der Premierminister!› Und sogleich wurde er in Amt und Würden eingesetzt.»

«Ist das eine wahre Geschichte?», fragte der junge Mann.

«Kommt's darauf an?», lachte der Minuten-Manager. «Doch im Ernst», fügte er hinzu, «eins weiß ich genau. Wenn Sie bei der Beurteilung von Verhalten hart sind und *danach* den Menschen aufbauen, dann funktioniert es.»

«Kennen Sie Beispiele aus unserer Zeit, wo die 1-Minuten-Neuausrichtung auch außerhalb des Managements funktioniert hat?»

«Natürlich. Im ganzen Land verwenden Konditionstrainer eine ähnliche Form, um die Leistungen ihrer Athleten zu verbessern. So erzählte mir ein bekannter College-Basketballtrainer, er wende sie an, um Meisterschaftsteams zusammenzustellen.»

«Wie geht das?»

«Er erzählte mir, sein bester Spieler habe einmal in einem wichtigen Spiel eine so schlechte Leistung geboten, dass sein Team wahrscheinlich verloren hätte, wenn er nicht ganz schnell besser geworden wäre. Also holte er ihn vom Spielfeld und setzte ihn auf die Auswechselbank.»

«Seinen besten Spieler?», fragte der junge Mann.

«Wie konnte er es sich leisten, ihn in einem wichtigen Spiel auszuwechseln?»

«Er konnte es sich eher nicht leisten, ihn *nicht* auszuwechseln. Der Spieler musste sein Bestes geben, sonst hätte sein Team verloren und hätte nicht mehr um die Meisterschaft mitspielen können.

Der Spieler nahm also auf der Bank Platz, und sein Trainer sagte ihm klipp und klar, was er falsch machte. ‹Du verpasst leichte Bälle, du schnappst dir keine Abpraller, und bei der Verteidigung verschwendest du zu viel Zeit. Ich bin sauer auf dich, weil ich nicht erkennen kann, dass du dich bemühst!›

Dann wartete er einen Moment und fügte hinzu. ‹Das kannst du doch viel besser. Jetzt wirst du so lange auf der Bank schmoren, bis du bereit bist, so zu spielen, wie es deinem Können entspricht.›

Nach einer Zeit, die ihm wie eine Ewigkeit vorkam, stand der Spieler auf, ging zum Trainer und sagte: ‹Ich bin jetzt so weit, Trainer.›

Der Trainer erwiderte: ‹Dann geh da raus und zeig mir, was du kannst.›

Als der Spieler zurück aufs Spielfeld kam, war er plötzlich überall, bückte sich nach ungenauen Bällen, schnappte sich Abpraller und machte seine gewohnten Würfe. Dank seiner Anstrengungen wuchsen auch die anderen Spieler über sich hinaus und gewannen das Spiel.»

«Im Grunde genommen», sagte der junge Mann, «hat der Trainer die drei Dinge getan, von denen mir Jon Levy schon erzählt hat: den Leuten sagen, was sie falsch gemacht haben; ihnen sagen, wie man sich deswegen fühlt; und sie daran erinnern, dass sie eigentlich besser sind.

Mit anderen Worten, ihre Leistung ist schlecht, aber *sie selbst* sind gut.»

«Genau so ist es. Wissen Sie, wenn Sie Leute führen, ist es sehr wichtig, daran zu denken, dass Verhalten und Wert nicht dasselbe sind. Wirklich wertvoll ist die *Person*, die ihr eigenes Verhalten regelt.

Das trifft gleichermaßen auf uns zu, wenn wir unser *eigenes* Verhalten regeln.

Tatsache ist, wenn Sie dies wissen», sagte der Manager und tippte erneut auf seinen Computerbildschirm, «kennen Sie den Schlüssel zu einer wirklich konstruktiven Kritik.»

***Ich bin nicht
mein Verhalten.***

***Sondern:
Ich (hand)habe
mein Verhalten.***

«Ich finde, es steckt eine Menge Zuneigung und Respekt in so einer Neuausrichtung», sagte der junge Mann.

«Ich bin froh, dass Sie das gemerkt haben. Sie werden sehr viel Erfolg mit der 1-Minuten-Neuausrichtung haben, wenn Ihnen das Wohlergehen der Menschen, die Sie ansprechen, wirklich am Herzen liegt.»

Aber», sagte der junge Mann zögernd, «das 1-Minuten-Lob und die 1-Minuten-Neuausrichtung sehen zwar sehr einfach aus, aber sind sie nicht doch nur sehr wirksame Mittel, um die Menschen dazu zu bewegen, das zu tun, was man von ihnen will? Und ist das nicht Manipulation?»

«Das ist eine sehr gute Frage. Manipulation geht mit der betrügerischen Kontrolle von Menschen zum eigenen Vorteil einher. Wenn Sie versuchen, Menschen zu manipulieren, verhalten Sie sich jämmerlich, und es wird sich negativ auf Sie auswirken.

Als Manager ist es Ihr Job, den Mitarbeitern zu zeigen, wie sie sich selbst behelfen und Freude daran haben. Sie wollen ja, dass sie erfolgreich sind, wenn Sie nicht da sind.

Darum ist es auch so wichtig, dass jeder *von Anfang an* weiß, was Sie tun und warum.

Es ist hier so wie überall im Leben. Es gibt Dinge, die funktionieren, und andere Dinge, die funktionieren nicht. Mit den Menschen ehrlich umzugehen, funktioniert am Ende immer. Andererseits, wie Sie vielleicht schon selbst in Ihrem Leben festgestellt haben, führt Unehrlichkeit im Umgang mit Menschen schließlich zu Misserfolg.»

«Mir wird jetzt klar», sagte der junge Mann, «woher die Kraft Ihres Managementstils kommt – Sie mögen die Menschen.»

«Ja», sagte der Manager nur, «das ist wohl so.»

Der junge Mann erkannte immer deutlicher, wie eng der Zusammenhang zwischen den Menschen und den Ergebnissen war.

Er dachte daran, wie schroff er diesen außergewöhnlichen Manager beim ersten Zusammentreffen gefunden hatte.

Es schien, als ob der Manager seine Gedanken lesen konnte.

«Manchmal», sagte er, «müssen Ihnen die Menschen so sehr am Herzen liegen, dass Sie auch hart sein können. Und das ist bei mir der Fall. Bei schlechten Leistungen bin ich sehr hart – aber nur was die Leistung angeht. Ich bin niemals der Person gegenüber hart.

Wie Sie zweifellos wissen, sind die Fehler, die Ihnen unterlaufen, nicht das Problem. Wirklich kritisch wird es, wenn sie nicht aus ihnen lernen.»

Der junge Mann fragte: «Was geschieht, wenn jemand immer wieder ähnliche Fehler macht, nachdem Sie ihn bereits darauf angesprochen haben?»

«Nun, da möchte ich Sie fragen, was glauben Sie, wie sich ein Manager fühlt, wenn so etwas passiert?»

«Wahrscheinlich traurig, verärgert oder sogar wütend.»

«Ja. Dann brauchen Sie dringend eine Pause, um die Situation ganz in Ruhe zu betrachten, sodass Ihre Emotionen nicht *Sie* dazu veranlassen, einen Fehler zu begehen.

Eine 1-Minuten-Neuausrichtung soll die Menschen beim Lernen unterstützen. Wenn eine Person jedoch etwas gelernt und gezeigt hat, dass sie es *tun kann*, aber offenbar *keine Lust* hat, muss man in Betracht ziehen, wie es dem Unternehmen schadet und ob Sie es sich leisten können, eine solche Person weiterhin im Team zu haben.»

Das hörte sich für den jungen Mann vernünftig an.

Inzwischen hatte er den neuen Minuten-Manager schätzen gelernt und wusste, warum die Leute so gern hier arbeiteten. Sie arbeiteten *mit* ihm, nicht *für* ihn.

«Vielleicht ist das hier für Sie von Interesse», sagte der junge Mann. «Ich habe das aufgeschrieben als Erinnerung daran, wie Ziele – die 1-Minuten-Ziele – und *Konsequenzen* – Lob und Neuausrichtung – das Verhalten der Menschen beeinflussen.» Dann zeigte er ihm eine Seite in seinem Notizheft:

Ziele setzen Verhalten in Gang.

Konsequenzen beeinflussen künftiges Verhalten.

«Das ist sehr gut!», sagte der Manager.

«Meinen Sie wirklich?», fragte der junge Mann, der das Kompliment gern noch einmal gehört hätte.

«Junger Mann», sagte der Manager fröhlich, «meine Aufgabe im Leben besteht nicht darin, den wandelnden Kassettenrecorder zu spielen. Ich habe nicht die Zeit, mich ständig zu wiederholen.»

Gerade als er dachte, ein Lob einheimsen zu können, hatte er sich eine weitere 1-Minuten-Neuausrichtung eingehandelt – was er eigentlich vermeiden wollte.

Der aufgeweckte junge Mann ließ sich aber nichts anmerken und sagte nur: «Wie bitte?»

Die beiden sahen sich kurz an und brachen in Gelächter aus.

«Ich mag Sie, junger Mann», sagte der Manager. «Was würden Sie davon halten, hier bei uns zu arbeiten?»

Der junge Mann war starr vor Staunen. «Sie meinen, für Sie arbeiten?», fragte er voller Begeisterung.

«Nein. Ich meine, ob Sie für sich arbeiten wollen, wie die anderen Leute in meiner Abteilung: Ich glaube, keiner arbeitet wirklich für jemand anders. Wenn es wirklich darauf ankommt, arbeiten die Leute am liebsten für sich selbst.

Die Leute in unserem Team arbeiten als Partner zusammen. Gemeinsam suchen wir nach Methoden, uns zu verbesssern. Ich tue mein Bestes, den Menschen zu helfen, besser zu arbeiten, und am Ende empfinden wir mehr Freude an Arbeit und Leben. Davon profitiert zweifellos auch die Firma.»

Das war natürlich das, wonach der junge Mann die ganze Zeit gesucht hatte.

«Sehr, sehr gern würde ich hier arbeiten», sagte er.

Und das tat er auch.

Im Lauf der Zeit kam ihm die Zusammenarbeit mit einem derart innovativen Manager zugute.

Schließlich geschah das Unvermeidliche:

Auch er wurde ein neuer Minuten-Manager.

Er wurde ein Minuten-Manager, nicht weil er wie einer dachte oder redete, sondern weil er wie einer handelte.

Er fasste sich kurz.

Er setzte 1-Minuten-Ziele.

Er erteilte das 1-Minuten-Lob.

Er initiierte die 1-Minuten-Neuausrichtung.

Seine Fragen waren kurz und zielten auf das Wesentliche.

Was er sagte, war einfach und wahr.

Und das wahrscheinlich Wichtigste von allem: Er führte die Mitarbeiter nicht nur, sondern leitete sie dazu an, kreativ zu sein und neue Dinge zu wagen. Er ermutigte die Menschen in seiner Nähe, dasselbe für die Menschen zu tun, mit denen sie zusammenarbeiteten.

Er erarbeitete sogar ein Strategiepapier im Taschenformat, um es den Menschen zu erleichtern, ein neuer Minuten-Manager zu werden. Er verteilte es als nützliches Geschenk an alle, die davon profitieren konnten.

Es sah folgendermaßen aus:

Das Strategiepapier des neuen Minuten-Managers

Beginnen Sie
Lassen Sie die Menschen von Anfang an wissen, was Sie tun werden, um ihnen zu helfen, erfolgreich zu sein.

1-Minuten-Zielsetzungen
- Machen Sie deutlich, was die Ziele sind.
- Zeigen Sie, wie gutes Verhalten aussieht.
- Schreiben Sie jedes Ziel auf eine Seite.
- Prägen Sie sich die Ziele häufig schnell ein.
- Ermutigen Sie die Mitarbeiter, sich bewusst zu werden, was sie tun, und festzustellen, ob es mit ihren Zielen übereinstimmt.
- Sollte dies nicht der Fall sein, ermahnen Sie sie, ihr Verhalten zu ändern und zu Könnern zu werden.

Ziele erreicht (auch teilweise) — **Geschafft!**

Ziele nicht erreicht — **Nicht geschafft**

Hilfe zum Erreichen des Ziels

1-Minuten-Lob
- Loben Sie das Verhalten
- Tun Sie es bald. Seien Sie konkret.
- Sagen Sie, dass Sie ein gutes Gefühl dabei haben.
- Schweigen Sie, um den Leuten die Zeit zu geben, sich ebenfalls gut zu fühlen.
- Ermutigen Sie sie, weiterhin so gut zu arbeiten.

1-Minuten-Neuausrichtung
- Erneut definieren und Übereinstimmung erzielen, was die Ziele betrifft.
- Bestätigen, was geschah.
- Den Fehler ohne Aufschub beschreiben.
- Sagen Sie, wie betroffen Sie sind.
- Schweigen Sie, damit die Leute ihre eigene Betroffenheit spüren.
- Sagen Sie ihnen, dass sie besser sind als ihr Fehlverhalten und dass Sie sie weiterhin wertschätzen werden.
- Wenn das Gespräch vorbei ist, muss die Angelegenheit auch erledigt sein.

Mit mehr Erfolg weitermachen

Mit besserer Leistung weitermachen

Viele Jahre später dachte der Mann an die Zeit zurück, als er zum ersten Mal die Grundsätze des Minuten-Managements gehört hatte. Es schien sehr lange her zu sein.

Seit seiner ersten Begegnung mit dem neuen Minuten-Manager war seine Firma darauf angewiesen, immer wendiger und reaktionsfähiger zu werden. Deshalb war er äußerst dankbar, dass dieser außergewöhnliche Manager ihm seine Zeit und sein Wissen so großzügig zur Verfügung gestellt hatte. Das hatte sich als sehr wertvoll erwiesen.

Er hatte sich an sein Versprechen erinnert, das Erlernte mit anderen zu teilen, seine Notizen bearbeitet, die er vor so langer Zeit gemacht hatte, und sie jedem Mitarbeiter in seinem Team geschenkt.

Sie hatten es gelesen und berichteten, sie hätten mit der Anwendung der drei Geheimnisse tatsächlich etwas bewirkt.

Sie stellten fest, dass die Lobesbekundungen, vor allem wenn sie mit konstruktiver Kritik einhergingen, eine effektive Methode darstellten, um Ziele schneller zu erreichen.

Manche Mitarbeiter machten deutlich, dass sie diese Prinzipien auch zu Hause anwandten und Freude daran hatten, sich gegenseitig dabei zu erwischen, etwas richtig zu machen.

Liz Aquino hatte ihn besucht, um sich bei ihm für die Aufzeichnung der drei Geheimnisse zu bedanken, und sagte: «Ich habe jetzt viel mehr Zeit.»

Seine Antwort lautete: «Wir müssen dem neuen Minuten-Manager dafür danken.»

Während er so an seinem Schreibtisch saß, erkannte er, wie glücklich er sich schätzen konnte.

Er hatte Zeit zum Nachdenken und Vorausplanen – das war's, was seine Firma wirklich brauchte.

Er hatte mehr Zeit für seine Familie und für andere, persönliche Interessen. Er hatte sogar Zeit, sich zu entspannen, und war froh, weniger von dem emotionalen und körperlichen Stress geplagt zu sein, unter dem andere Manager so litten.

In seiner Abteilung gab es weniger kostspielige Personalveränderungen, weniger Krankmeldungen und weniger «Blaumachen».

Im Nachhinein war er froh, dass er das 1-Minuten-Management *gleich* in die Praxis umgesetzt hatte, ohne abzuwarten, bis er es perfekt zu beherrschen meinte.

Seinem Team gegenüber hatte er zugegeben: «Ich bin nicht daran gewöhnt, den Mitarbeitern zu sagen, wie gut sie sind oder wie ich mich gerade fühle. Und ich bin mir auch nicht sicher, ob ich mich immer erinnern werde, Ihnen zu sagen, dass ich Sie schätze und Ihnen wohlgesinnt bin, wenn ich Sie auf Fehler anspreche.»

Deshalb musste er lächeln, als jemand sagte: «Na, dann sollten Sie es zumindest mal versuchen!»

Er hatte etwas ganz Entscheidendes erreicht, als er die Leute gefragt hatte, ob sie von solch einem Manager geführt werden wollten, und dabei zugegeben hatte, er werde womöglich nicht immer in der Lage sein, alles richtig zu machen.

Die Leute wussten von Anfang an, dass er ehrlich auf ihrer Seite stand, und *das* war der entscheidende Unterschied.

Er war in Gedanken versunken, sodass er aufschreckte, als das Telefon klingelte.

Er hörte, wie seine Sekretärin sagte: «Guten Morgen. Da ist eine junge Frau am Telefon, die gern wissen würde, ob sie Sie besuchen dürfte und mit Ihnen über den Führungsstil in unserer Firma sprechen könnte.»

Der neue Minuten-Manager lächelte und erinnerte sich an seine Erfahrungen vor langer Zeit. «Ich würde mich freuen, mit ihr zu sprechen», antwortete er.

Als er sich später mit der klugen jungen Frau traf, sagte er: «Ich fühle mich geehrt, Ihnen das weiterzugeben, was ich über Führen und Managen gelernt habe.»

Er bat sie, Platz zu nehmen, und fügte hinzu: «Ich möchte Sie nur um eines bitten.»

«Worum geht es?», fragte die Besucherin.

«Ganz einfach», erwiderte er, «wenn Sie es nützlich finden, sollten Sie es ...»

... mit anderen Menschen teilen.

Ende

:01 Danksagung

Im Laufe der Zeit haben wir von vielen Menschen etwas gelernt und sind von vielen beeinflusst worden. Unseren besonderen Dank möchten wir folgenden Personen zum Ausdruck bringen:

Larry Hughes für seine einzigartig kreative Veröffentlichung der ersten Ausgabe dieses Buches.

Dr. Gerald Nelson und *Dr. Richard Levak*, die Schöpfer einer verblüffend effektiven Methode in der Kindererziehung, die «The One Minute Scolding» genannt wird. Diese Methode haben wir auf «die 1-Minuten-Neuausrichtung» übertragen.

Dr. Elliott Carlisle: Von ihm haben wir etwas über effektives Delegieren gelernt.

Dr. Thomas Conellan: Von ihm haben wir gelernt, wie man verhaltenswissenschaftliche Erkenntnisse und Theorien für jedermann verständlich darstellen kann.

Dr. Paul Hersey: Von ihm haben wir gelernt, wie man Einsichten aus der Verhaltensforschung anwendet.

Dr. Dorothy Jongeward, *Jay Shelov* und *Abe Wagner*: Von ihnen haben wir etwas gelernt über Kommunikation und das O.K.-Sein von Menschen.

Dr. Robert Lorber: Von ihm haben wir etwas gelernt über die praktische Anwendung verhaltenswissenschaftlicher Erkenntnisse auf das Wirtschaftsleben.

Dr. Kenneth Majer: Von ihm haben wir etwas gelernt über Zielsetzung und Zielverwirklichung.

Dr. Carl Rogers: Von ihm haben wir etwas gelernt über persönliche Aufrichtigkeit und Offenheit.

Louis Tice: Von ihm haben wir etwas darüber gelernt, wie man unerschlossene menschliche Fähigkeiten freisetzen kann.

Außerdem möchten wir unserer wunderbaren Literaturagentin *Margret McBride* danken, *Richard Andrews*, unseren ausgezeichneten Lektorinnen *Nancy Casey* und *Marthy Lawrence,* unserem begabten Designer *Patrick Piña* und *Faye Atchinson* für ihre Unterstützung.

:01 Über die Autoren

Ken Blanchard, einer der weltweit erfolgreichsten Experten für Menschenführung, ist Koautor des Kult-Bestsellers *Der Minuten-Manager* sowie 60 weiterer Bücher, von denen insgesamt über 21 Millionen Exemplare verkauft wurden. Seine wegweisenden Arbeiten sind in mehr als 42 Sprachen übersetzt worden. 2005 wurde er als einer der 25 erfolgreichsten Autoren aller Zeiten in Amazons *Hall of Fame* aufgenommen.

Gemeinsam mit seiner Ehefrau Margie ist er der Mitbegründer von The Ken Blanchard Companies®, einer internationalen Firma für Managementausbildung und Unternehmensberatung in San Diego, Kalifornien, ebenso von Lead Like Jesus, einer weltweiten Organisation, die Unterstützung für Menschen anbietet, die dienendes Führen lernen wollen.

Ken hat für seine Beiträge im Bereich von Management, Menschenführung und Vortrag zahlreiche Preise und Auszeichnungen verliehen bekommen. Die National Speakers Association verlieh ihm mit dem Council of Peers Award of Excellence ihre höchste Auszeichnung. Die Zeitschrift *Training* nahm ihn in die HRD-*Hall of Fame* auf, und von Toastmaster International bekam er den Golden Gravel Award. Ken bekam außerdem von der ISA – der Association of Learning Providers – den Thought Leadership Award. Wenn Ken nicht schreibt oder Vorträge hält, unterrichtet er Studenten an der University of San Diego im Master of Science in Executive Leadership Program.

Ken wurde in New Jersey geboren und wuchs in New York auf. Seinen Master of Arts erhielt er von der Colgate University, seinen Bachelor of Arts und seinen Doktortitel von der Cornell University.

Dr. Spencer Johnson ist einer der weltweit meistgelesenen Visionäre. Seine Bücher haben einen starken Einfluss auf unsere Sprache und Kultur ausgeübt.

Dr. Johnson wurde von *USA Today* «Der König der Parabel» genannt. Er gilt als der Beste, wenn es um die Bewältigung komplizierter Themen und um die Darstellung einfacher Lösungen geht, die auch funktionieren. Seine kurzen Bücher enthalten wertvolle Einsichten und praktische Anleitungen, die von vielen Millionen Menschen angewendet werden, um mehr Glück und Erfolg bei weniger Stress zu genießen.

Dreizehn seiner Bücher landeten auf der Bestsellerliste der *New York Times*. Folgende Titel standen auf dem ersten Platz: *Die Mäusestrategie für Manager* und *Der Minuten-Manager* mit Koautor Ken Blanchard.

In Zeiten, da viele Menschen einfachen Antworten erfahrungsgemäß eher skeptisch gegenüberstehen, haben sich für viele Millionen Leser auf der ganzen Welt die einfachen Wahrheiten in Spencer Johnsons Parabeln als unschätzbar wertvoll erwiesen.

Dr. Johnsons Ausbildung umfasst ein Diplom als Bachelor of Arts in Psychologie an der University of Southern California, einen Abschluss als Doktor der Medizin am Royal College of Surgeons und eine Famulatur an der Harvard Medical School.

Er hat als Forschungsmediziner am Institute for Inter-Disciplinary Studies, als Leadership Fellow an der Harvard Business School und als Berater am Center of Public Leadership an Harvard's Kennedy School of Government gearbeitet.

Von Spencer Johnsons Büchern sind mehr als 50 Millionen Exemplare in 47 Sprachen verkauft worden.

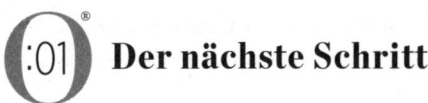 # Der nächste Schritt

Angebote der Ken Blanchard Companies
Training für Minuten-Manager

Der Minuten-Manager gehört seit mehr als drei Jahrzehnten zur Pflichtlektüre eines jeden Managers. Inzwischen können Sie Ihr Managementpotenzial entwickeln, indem Sie die Weisheit des neuen Minuten-Managers erkunden und die praktischen Fähigkeiten erwerben, die für Ihren Erfolg entscheidend sind. Bringen Sie bei kenblanchard.com/omm in Erfahrung, wie Sie ein leistungsfähigerer Manager werden können.

Die Konzepte in diesem Buch stellen nur einige der vielen Möglichkeiten dar, mit denen die Ken Blanchard Companies® Unternehmen dabei unterstützen, ihre Leistung zu verbessern, das Engagement ihrer Angestellten zu steigern und die Kundentreue weltweit zu erhalten. Sollten Sie weitere Informationen benötigen, wie Sie diese Erfahrungen in Ihrer Organisation nutzen können, wenden Sie sich in Deutschland an:

The Ken Blanchard Companies in Deutschland
Telefon: 089/24 218–421
Maximilianstraße 35a
80539 München
E-Mail: support@kenblanchard.eu
www.kenblanchard.eu

International:
The Ken Blanchard Companies
The Leadership Difference®
Telefon: +1–760–489–5005
Kontakt: kenblanchard.com/inquire
Website: www.kenblanchard.com

Spencer Johnsons Bücher

Entdecken Sie die Bücher von Spencer Johnson auf
www.spencerjohnson.com

Ebenfalls von Dr. Blanchard

Die Praxis des Ein-Minuten-Managers (mit Robert Lorber)
Führungsstile (mit Pat Zigarmi und Drea Zigarmi), rororo 63079
Der Minuten-Manager und der Klammeraffe (mit William Oncken), rororo 61439
Der Minuten-Manager schult Hochleistungsteams (mit Don Carew und Eunice Parisi-Carew), rororo 61437
Wie man Kunden begeistert (mit Sheldon Bowles)
Gung Ho! Wie Sie jedes Team in Höchstform bringen (mit Sheldon Bowles), rororo 61479
High Five! (with Sheldon Bowles, Don Carew, and Eunice Parisi-Carew)
Whale Done! – Von Walen lernen (mit Thad Lacinak, Chuck Tompkins und Jim Ballard)
Das große Ziel vor Augen (mit Jesse Stoner)
Das Geheimnis großer Leader (mit Mark Miller)
Leading at a Higher Level (with the Founding Associates and Consulting Partners of The Ken Blanchard Companies)
The Fourth Secret of the One Minute Manager (with Margret McBride)
Trust Works! (with Cynthia Olmstead and Martha Lawrence)

Ebenfalls von Dr. Spencer Johnson

Höhen und Tiefen
Das Geschenk – Wie Sie von heute an glücklicher und erfolgreicher sind
Die Mäusestrategie für Manager
Who Moved My Cheese? for Teens
Who Moved My Cheese? for Kids
Das Minuten-Verkaufstalent (mit Larry Wilson), rororo 61438
Die «Ja oder Nein»-Strategie für Manager
Die entscheidende Minute im Umgang mit Ihrem Kind
Spaß an der Schule: der Minuten-Lehrer: das Geheimnis der Lernmotivation (mit Constance Johnson)
The Precious Present The Gift You Give Yourself
Eine Minute für mich, rororo 61436
The Value Tales Series for Children